同济大学景观学系
科研教学成果年鉴
2015-2016 卷

U0334439

DEPARTMENT
OF LANDSCAPE
ARCHITECTURE

COLLEGE
OF ARCHITECTURE
AND URBAN
PLANNING
TONGJI UNIVERSITY

同济大学建筑与城市规划学院
景观学系　著

同济大学出版社
TONGJI UNIVERSITY PRESS

目录 |Contents

实践篇 Practice

教学

TEACHING
006-043

风景园林专业
三元耦合教学创新体系

刘滨谊 严国泰 韩锋 金云峰 李瑞冬 周向频 胡玎 刘悦来

本成果以 1994—2014 年中国风景园林学科专业重大转变为背景，以同济大学 20 年坚持风景园林专业核心教学为基础，创立了风景园林一级学科的培养目标、培养规格与教学内容，总结与修正该专业教学的执行与组织形式，形成了一整套以"三元耦合"为机制的风景园林教学体系。该教学成果获得 2015 年同济大学优秀教学成果一等奖。

主要内容

1）建构了从教学体系、教学内容到实践教学的三元耦合机制

成果从工、理、文的多学科的教学体系耦合；资源保护、规划设计、工程技术的教学内容耦合；以及科学研究、工程设计的实践教学耦合等多个层面形成了风景园林专业教学的三元耦合机制。

2）创立一级学科教学目标体系，构建全国工科类风景园林创新教学范式

通过 20 年的坚持办学，通过不断的改革实践与探索，整合教学目标体系的经典范式，以不同教学阶段划分的时序建构为基础，以 KAQP 组成要素为对象，建立了风景园林一级学科的教学目标体系，形成引领全国风景园林的教学目标范式。

3）改革了风景园林学的核心教学内容，解决了原教学内容局限的问题

基于"环境生态、行为文化、空间形态"本学科专业理论与实践的三元核心，将风景园林专业的核心内容体系在传统的风景园林"规划设计"基础上，扩体系从侧重"规划设计"，扩展为自然与人文应用、规划设计、工程技术三类并重，形成了三大基本领域和九个重点分支领域的教学内容体系，并通过对传统课程的整合形成了具有可达性、互动性和动态生成性特征的教学模块和教学内容结构配置架构。

4）建立了全方位的风景园林学创新教学实践体系

在教学实践中，实体与"虚拟"相结合，课堂与"实验室"相结合，校内与校外相结合，将三大基本领域教学内容与研究性、探索性、时效性较强的风景园林工程实践项目、科学研究课题紧密联系，在全国范围建立起多个"虚拟"教学基地，并以10多个实体教学实践基地为依托，为本科专业教学提供了教学平台与第一手专业知识来源。形成了能完整实现"卓越工程师"培养计划的教学实践体系。

解决的教学问题

该成果主要解决了如下教学问题：

1）首次形成了中国风景园林工科专业完整而创新的教学体系；

2）转变、拓展、健全了风景园林专业的教学内容，打通了农林学科风景园林专业与工科的互渗共通；

3）实现了风景园林专业教学体系的规范化、系统化、普适化，为全国各类院校、特别是工科院校开办风景园林专业教育做出了榜样。

成果创新点

1）引领实现中国风景园林教学的三个转变

①从以园林为主转变为园林、风景、景观的广义风景园林教学；②从以"设计"为一核心转变为"资源保护、规划设计、建设管理"三核心教学；③从感性为主园林教学转变为基于科学理性、强调实践的风景园林教学。

2）引领实现中国风景园林教学的三个拓展提升

①教育理论与专业认识的拓展提升：找到了风景园林专业教育培养目标、规格、教学实施的"三元耦合"规律；②教学方法与专业思维的拓展提升："三元耦合"思维训练法在保留感性思维同时，大大推进了理性思维、理性与感性结合思维教育；③教学实践性的拓展提升：创造了基于工程实践的"教—实践—学"的"三元耦合"教学机制。

3）引领和规范了工科类为主等风景园林院系的教学体系

"三元耦合"教学体系建构了一种符合风景园林高等教育教学规律的具有推广价值基础性、体系化、范式化的可参考复制推广的教学模式，为开设风景园林专业的工科、农林、艺术类等许多院校仿效跟随，成为首版《高等学校风景园林本科指导性专业规范》编写的蓝本。

成果应用情况

该成果的应用如下：

1）推动教育体系创新与学科发展；

2）推动教学水平与质量提升；

3）促进了教学师资团队建设；

4）促进人才培养质量提升；

5）带动了产学研一体化水平质量提升；

6）教学改革成果在兄弟院校推广。

"景观规划设计原理 MOOC" 建设

刘滨谊

该课程负责人和主讲人由刘滨谊教授承担，助教团队包含 2014 级博士生魏冬雪，2015 级硕士生赵艺昕、赵晨欣和杨祎雯。

本课程以 2013 年荣获国家精品共享课程为基础，2014 年 8 月，由刘滨谊教授组织对该课进行重组，在爱课程中国大学 MOOC 平台上以"风景园林景观规划设计基本原理""风景园林景观规划原理"和"风景园林景观设计原理"三门子课程推出。

"景观规划设计原理 MOOC"是中国风景园林学科在爱课程中国大学 MOOC 平台上成功推出的首门课程（目前为全国风景园林唯一 MOOC 课程），也是同济大学在"爱课程"中国大学 MOOC 平台上推出的首批课程之一。2015 年 10 月，子课程"风景园林景观规划设计基本原理"在爱课程网中国大学 MOOC 平台上首次开课（图 1），总选课人数超过 2.8 万人，表明该课程的开设符合社会需求，对推动教育资源共享、促进教育公平、加快风景园林规划设计理念的传播具有重要意义。"风景园林景观规划设计基本原理"课

图 1. "风景园林景观规划设计基本原理"在中国大学 MOOC 平台上开课

程包含景观规划设计的基本概念、专业语言、基本要素以及风景园林专业哲学等内容；课程制作包括课程选题、课程规划、课程设计、课程拍摄、录制剪辑、课程上线、论坛答疑、作业批改、证书颁发9个环节；助教团队负责课程运营和维护，课程发布后由教师和助教共同参与论坛答疑解惑、批改作业等在线辅导，直到课程结束颁发证书。该课程自开课至结束共计5个月，选课总人数为28441人，共有171人参加结业考试，发放合格证书69份，优秀证书74份，图2为"风景园林景观规划设计基本原理"课程累计参加人数。爱课程网后台数据显示，选课者来自全国34个地区，广东省选课人数最多，超过2500人，广东、江苏、山西等12个省市选课人数超过1000人，青海、西藏以及港澳台地区都有学生（图3）。此外，课程也受到海外学生的关注，海外选课人数共计388人，超过总选课人数的1%，已知的ID账号分布在50个国家，其中在美国的学习者最多，为84人。

ISP 一体化教学改革
该教改项目由刘滨谊教授承担，负责ISP一体化教学体系的建设与实施。项目组成员共5人，匡纬博士后负责理论教学与设计课的关联；博士生魏冬雪负责MOOC网络平台课程建设；赵艺昕、赵晨欣和杨祎雯三位硕士生负责网络课程发布与维护。

ISP 一体化教学是基于概论课（Introduction）、设计课（Studio）及原理课（Principle）的ISP三元耦合互动的一体化教学体系的简称，是面向规划设计课程教学的理论课教学改革。ISP一体化教学将以风景园林专业基本概念为主导的《景观学概论》教学、以风景园林规划设计原理为主导的"景观规划设计原理"教学及以实践为主导的规划设计课教学相互关联，实现了三

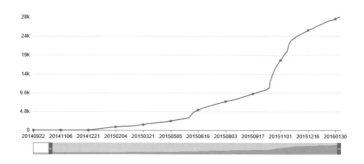

图 2. "风景园林景观规划设计基本原理"累计参加人数

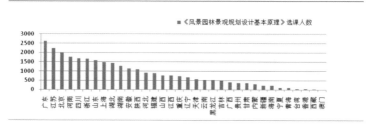

图 3. "风景园林景观规划设计基本原理"选课学生地域分布

元耦合互动。

"景观学概论"与"景观规划设计原理"是风景园林和景观学专业理论基础课程，分别开设于一年级和二年级的第一学期。两门课程虽为各学期开设的风景园林规划设计课程打下了基础，但是由于概论课程、原理课程与规划设计课程在设置上存在"时间差"，使得理论与实践课程之间缺乏有效的联系及互动性。ISP一体化教学法从三个方面实现理论课与设计课的关联。第一，从原理认知与规划设计间关系视角出发，以整体观重建理论与实践耦合的系统性的教学框架，在教学内容的对应性上，初步形成了基本原理、规划原理、设计原理三门课程，与各门规划设计主干课程教学内容及目标相对照，形成关联性支持。第二，以规划设计实践为核心建构原理认知教学，通过实践促进原理类知识教学，推出"刘滨谊理论与实践"微信公众号（图4），发布前沿理论和优秀实践案例作为教学内容的拓展及延伸。第三，提供了原理课程与规划设计课程的互动平台，强调原理理论知识与实践的交互反馈、相互检验，通过"风景园林景观规划设计MOOC"建设，形成资源共享和师生交流的平台将网络课程学习纳入学生课程成绩考评（图5），鼓励各年级学生使用网络课程，实现各年级之间互动交流。

图 4. "刘滨谊理论与实践"微信公众号

学年学期：2015-2016 学年第 1 学期				选课人数：55				
课程：02019101,景观学概论[2]				任课教师：刘滨谊				
上课时间： 星期三 3-4 [1-17]				上课地点： 南 105				
成绩（期末考试成绩：70%、MOOC 成绩：10%、平时表现：20%）								
学号	姓名	性别	专业	期末考试成绩	平时成绩		最终平时成绩	最终成绩	最终成绩分段
					MOOC 成绩	平时表现			
1351672	高博林	男	风景园林	92	93	95	94	93	
1550467	尹海鑫	男	风景园林	90	100	95	97	92	
1550437	陈欣宇	男	风景园林	90	97	90	96	92	
1453047	胡玥琳	女	风景园林	91	90	90	93	92	90~99: 7 人
1550461	杨楷雯	女	风景园林	87	100	100	100	91	
1451165	杨奕	女	风景园林	87	98	95	99	91	
1452419	沈悦	女	风景园林	87	95	100	98	90	

图 5. MOOC 学习作为"景观学概论"课程成绩的 10%

以"融合中西，设计创新"为特色，培养"大工程观"应用型人才的风景园林教学

金云峰

"融合中西，设计创新"作为学院风景园林学科的传统教学理念，其教学内容、方法、模式等如何进行改革和完善，如何培养"大工程观"应用型人才，是笔者一直在探索的问题。

融合中西

"融合中西"是一种开放式的教学方法，基于西方文化和现代化洗礼的现实，使风景园林教学上升到具有国际视野的高度，探索在多元化境遇中的发展途径。2015 年完成三篇论文成果：

《以"融合中西，设计创新"为特色的风景园林教学》，中国城市林业，2015(4).

《宾夕法尼亚大学风景园林系核心设计课程 LARP-601 教学方法》，西部人居环境学刊，2015(6).

《生态工程综述——基于"风景园林工程与技术"二级学科的视角》,中国园林，2015(2).

《以"知行合一，转识为智"为理念的中外园林史教学》，高等建筑教育，2016(1).

1）立足国际形成特色教学模式。《以"融合中西，设计创新"为特色的风景园林教学》，建议培养学生的国际视野，并提出一套特色教学方法，主要包括三大环节：基础模仿、比较提升、实践创新。每个环节均有相应的课程配备，形成特定的教学模式。例如基础模仿采用"历史知识理论性教学——现场测绘体验性教学——种植设计渗透性教学"的教学模式。

2）基于西方教育反观本土教学。《宾夕法尼亚大学风景园林系核心设计课LARP-601 教学方法》，通过对美国宾夕法尼亚大学风景园林核心设计课的教学目标、教学过程等进行研究，发现几点可借鉴之处：从地段和城市的视野来考虑景观系统的构建、以灵活的景观框架来引导和协调地段和城市的整体发展、用景观织补城市肌理等。

3）基于西方现代工程技术反思生态工程方向。《生态工程综述——基于"风景园林工程与技术"二级学科的视角》，从"工程"结合"生态"的视角，对生态工程方向研究进行综述，探索风景园林工程与技术学科建设新思路。应在继承传统的基础上致力于拓展学科外延，丰富其本质。

4）基于"知行合一，转识为智"中国传统教育。《以"知行合一，转识为智"为理念的中外园林史教学》，"求知"与"笃行"相结合，学习历史与设计相结合，强化风景园林学综合性应用学科特点。

设计创新

"设计创新"是风景园林教学的根本，在教学当中应引导学生运用传统园林的设计之道和西方纯熟的设计经验，对现实环境进行最合理的创造或改造，目的在于让现代人以新的方式体验本民族特有的文化，在心理上感知本民族的独特情结。2015 年通过如下成果来体现设计创新：

1）专业特色教学的改革创新。论文《风景园林专业特色教学》（西部人居环境学刊，2015(4) ）结合教学实践，总结出以"综合运用，有效实践"实现"全面评估，角色转型"的教学理念和目标，按教学理念与目标相对应的理念，提出"真题真做""现场调查""专题研究""校企联动"的毕业设计特色教学，有针对性地对毕业设计教学提出具体实践要求。

2）专业实践领域的未来探索。《风景园林学科发展下的专业实践领域研究》（人文园林,2015(1) ）主要研究风景园林师所能从事并扮演"主角"身份的实践范畴，指出我国风景园林专业实践领域的新方向主要包括以下几个方面：旅游休闲地开发建设、乡村景观建设、防灾避灾绿地建设、城市绿地更新改造。

3）教学范式体系的完成完善。"风景园林规划设计课程体系及实践改革研究"项目自立项以来结合系教学改革及发展计划，以"风景园林规划设计"为主线，通过理论课程与设计及实践课程的整合、协同，修订"风景园林规划设计"教学计划与教学大纲，逐步完成与完善风景园林规划设计课程的教学规范与教学手册，形成针对性强、可操作的教学范式体系。

张德顺 刘鸣 章丽耀 李科科

园林植物与生态设计的国际化教学探索

张德顺 刘鸣 章丽耀 李科科

项目内容

园林植物与生态设计是风景园林的核心课程，其教学水平在一定程度上反映风景园林学科的教学质量和景观规划设计的发展水平。近年来，随着"园林植物与应用""生态与种植设计"教育的国际交流与合作的力度越来越大，园林植物与生态设计课程的国际化探索也显得尤为重要。以教育国际化为目标，引导本土学生开拓国际前沿视野，同时让外国学生了解中国优势，融通内外，实现"中西合璧"，实现学生在知识和心理上的深度融合，是园林植物与生态设计国际化教学模式探索的新方向。

教改目标

本课题研究以国际化教学改革创新为宗旨，沿袭中西方园林植物景观规划设计的历史脉络，在强调风景园林科学性的基础上，结合实践案例的文化性交叉性，阐述植物功能结构的国际性特征和区域性特点。与此同时，剖析当前园林植物和生态设计的热点难点问题，用全球性的视野，用科学性、功能性、文化性和生物多样性等原则指导风景园林的规划设计，提升园林植物景观和人居环境生态的营造技术和品质。具体教改目标有以下三点：

1）优化"Planning Principles and Methods of Landscape Plants"英文课程的教学内容，充分发挥中英文课程的特点，提升上海市全英文示范课；

2）加强同美国、英国、德国、俄罗斯、蒙古等国家的教学和科研合作，挖掘和探讨不同文化背景下园林植物和园林生态设计的研究方向和方法，联合培养国际研究生；

3）邀请俄罗斯、蒙古、德国、英国、韩国的专家访问中国，开设园林植物与生态设计相关的专题讲座和讨论会，提供国际交流和思维碰撞的平台，同时提升在研项目的科研水平，获得生态与园林植物研究的新发展。

教改内容

1）国际化的合作办学

同德国德累斯顿大学植物学实验室（Institut für Forstbotanik und Forstzoologie, TU-Dresden）联合组建"气候变化与景观响应实验室"（Laboratory of Landscape Responses to Climate Change），深化气候变化对于园林植物和园林生态的影响及作用，探究气候变化与景观响应之间的相关性；以国际野生动植物保护组织（FFI）旗舰种基金项目(FSF—Defra-08-06)为依托开展教学与实践活动，提高学生对于园林生态的认识；编著英语教材，加强与欧美、东亚地区的教材、信息交流；与美国丹佛大学和德国波鸿鲁尔大学进行研究生联合培养，选送优秀学生到欧美深造，积极培养国际留学生，成为提升国际化教学的抓手；参加GAForN、BION和美国、俄罗斯组织的国际研讨会，赴国外高校进行学术交流。

2）国际化的课程体系

园林植物与生态设计是一门综合性课程体系，也是城市绿地系统规划、植被种植设计、绿色基础设施设计以及风景名胜区规划和管理的基础内容之一，因此，教改的一个重要内容是构建以全英文教学为基础，多个教学模块为分支的国际化课程体系。本课程以国际视野为平台，以国际交流为窗口，加强国际学生与中国教师、学生之间的互动交流，通过中外学生促进、互助、互补，以强化教学效果（图1）。

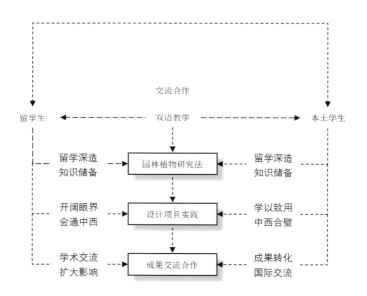

图1. 园林植物与生态设计的国际化教学课程体系

3）国际化的教学机制

将教学融于科研、工程项目，培养学生世界维度的综合人居生态环境植物设计思维，了解全球人居生态营造的多样性和复杂性，掌握适应不同生境的园林植物景观营造的原理和方法，培养学生对风景园林植物及生态规划设计的把握能力和操控技能。

在持续不断的探索和改革中，始终贯彻国际化、全球化的指导方针，以研促学，以研带学，积极转化科研成果，直接应用到院系本科生、研究生、留学生的教学实践中去；同时以国际化的交流和沟通为桥梁，不断更新园林植物与生态设计的理论和实践，实现课程的发展与创新。

景观详细规划课程教学中规划思维渐进式的导引

陈蔚镇

2016 年春季学期，本人带领陈若渝等 7 名 2013 级景观学系的学生，开展了广州奥体新城区域分析与更新规划研究的教学实践，并最终在 2016 年全国高校景观设计毕业作品展 LA 先锋奖中获奖。在这一教学过程中，学生获得诸多收获：观察城市角度开始多维、深入；对当代前沿景观理论、生态环境复杂性和当代城市景观设计之间的关系有了初步了解；对较大尺度、多元复杂场地的解读能力有一定的提升，基本掌握地区生态网络和景观基础设施的规划设计核心理念。

教学背景着眼于街道这一重要城市公共空间在当下中国开放社区政策转变下的演进。由于此前对于街道的考虑在城市规划的过程中长期处于一种"不在场"的状态，当大地块分割给众开发商之后，出于对利益追逐，地块的边缘往往会被忽视。选定为研究对象的广州是一座历史久远的繁华商业城市，有其独特的休闲文化。然而随着城市空间的变化，曾经承载广州文化的城市肌理和街道空间正在消逝或者变质，传统的文化正在慢慢消失。基地"奥体新城"是广州城市东进中的一个重要节点。空间规模 352 公顷，目前由工业用地与村庄、农田、

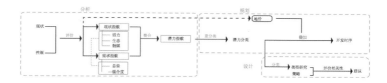

图 1. 总体框架

未开发的自然空间构成。根据已有分区规划，它将发展成由居住与商业构成的大型社区，规划中体现了典型的区划特征——大型地块、单一化土地利用以及缺乏对社会生活的尊重。教学中我们引导学生研究的概念与框架从城市触媒切入，城市触媒即指那些能对后续建设活动带来正面影响、涵义宽泛的"城市开发活动"。以街道作为激发失落文化和城市生活的介质。引导学生提出用街道作为催化和激活街道空间、市民的城市生活和城市的文化。

最终学生研究小组得出以下的结论：街道媒介可以作为城市扩张的调节系统，在高需求高人流的空间植入触媒，能够为城市边缘带的新区增加活力，连接人际网络完善开放街区的邻里体系，成为具有生命力的城市空间。而随着城市边界的拓展，更多的新建触媒可以与现有触媒进行联系，城市生活的实质得以和随着物理空间的拓展同时进行传递。

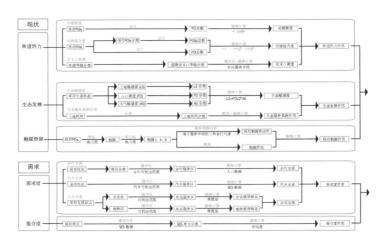

图2. 评价方法及过程

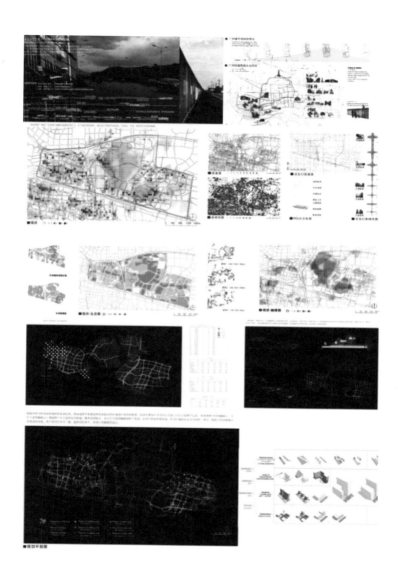

图 3. 学生成果

国际工作营：Public Life

董楠楠

2016 年 3 月 12 日，德国达姆斯坦特大学建筑系师生约 20 人一行来到上海与同济大学景观系研究生、德国鲁尔大学学生合作进行了为期一周国际工作营。工作营邀请了德国著名的 Julian Wékel 教授及其团队作为主讲教授。

此次国际工作营旨在研究城市开放空间中公众的使用问题。研究地点选取上海苏州河南岸从梦清园到蝴蝶湾一带的 5 个不同地块。研究采用了国内外应用较成熟的 POE（Post Occupancy Evaluation）使用后评价的方法，通过语义极差表对基地及周边居民进行调研访问，同时对具体地点的公众的行为活动进行了现场记录。

国际工作营学生进行了为期 5 天的工作，并在 3 月 18 日晚，在同济大学建筑与城市规划学院进行了最终汇报，工作营各小组针对自己小组地块的特点，汇报了相应人群对城市空间使用的评价，分析了不同人群的使用特征、行为特征以及场地空间营造对不同行为的影响程度，总结了不同活动使用对于空间的需求及影响并通过访谈记录分析了公众使用中的问题，提出了相关建议。例如儿童及老人的使用需求应该更多地予以关注，滨水区的空间设施应被设置得更适宜人们锻炼活动。

围合·整合：景观学系建筑设计课程教学方法研究

戴代新　周宏俊　翟宇佳　沈洁

基本情况

同济大学建筑与城市规划学院的二年级建筑设计课程一直纳入学院教学平台，由基础部统一教学，其核心基础是建筑学。基于"共享平台"的构建，以景观学系二年级下学期的建筑设计（02018402）课程为核心，联系场地规划设计（02019701）、景观空间认知与表达（02038501）、种植与生态专项设计（020338）等理论课程，构建以场地空间为核心对象，整合场地调查、认知、分析、设计、建造和评价等内容的教学体系，让本科生掌握基本的公共建筑以及室外场地空间知识和分析设计能力，同时完成从建筑设计到景观设计的思维转换。

存在问题

完成从建筑设计到景观设计的思维转换是本研究的核心问题，另外根据以往教学经验总结，同学们反映较多的问题是理论课程缺乏现场体验，理论与设计课程联系不够紧密，具体表现在：场地调查和分析过程体验较为缺乏和单一；场地空间感知和空间形式运用能力亟需提高；场地建造和评价的训练非常匮乏。

核心理念

1）建筑与景观

依托景观设计教学下沉至二年级下学期的大背景，针对学生在此之前主要接受建筑学专业训练的实际情况，将二年级下学期的第一个设计作为从建筑向景观过渡的重要环节。目的在于通过山地风景区环境中的青年旅馆的建筑设计，一方面基于旅馆建筑这一类型继续深化学生对建筑的理解，另一方面引导学生积极地思考并处理建筑与环境互动的形态与空间。

2）围合与整合

建筑回归本质是通过建构在场地围合空间，基于此衍生出建筑学的诸多研究课题和知识领域，包括功能、空间组织、结构形式、美学，甚至文化含义，等等。围合形式多样，不仅包括屋顶与基地、墙体的不同程度的围合形成室内空间，也包括建筑群体围合形成室外空间，以及介于二者之间的灰空间，从而建筑与周边环境形成整体。

景观环境是建成环境整合的主要媒介，无论是景观都市主义还是生态城市设计都热衷于通过自然、生态的城市开放空间重新塑造后工业时代的城市形态。风景园林设计需要拓展自己的专业视角，为城市的更新和发展提供服务。因此，需要从城市设计的视角，从室内外空间的融合思考建成环境的整合途径。

教学体系

1）3 个课题

课程总共包括三个设计题目：公共建筑设计、快题设计、广场设计。设置的目的是希望完成从建筑为主、景观为辅到景观为主、建筑为辅的转变，其中有一个一周的小设计，是一个关键的过渡题目。在 2015、2016 年的教学实践中，具体的课题如下：

表 1. 2015—2016 景观学系建筑设计课题

	2015 年下学期	2016 年下学期	时间安排
公共建筑设计	薛山旅游景区（青年）旅馆规划设计	嘉兴南湖景区展览馆建筑设计	8 周
快题设计	上海滨江森林公园景观建筑改造设计	景观元素概念设计	1 周
广场设计	学院 ABC 广场更新设计	学院 ABC 广场更新设计	8 周

2）6 个模块

核心教学模块有 6 个环节，穿插于设计作业中，以讲座、现场、报告等形式进行。

	建筑设计	概念设计	广场设计
公共建筑设计	公共建筑设计基本原理 讲座		现有建筑功能分析
建筑空间组合	建筑空间水平和垂直生成 讲座		现有建筑空间分析
场地调查分析	选址 场地调查分析1 （观察与分析）	地形与空间	场地调查与分析2 （使用调查）作业
景观空间要素	建筑与周边空间关系 （总平面布局）	空间尺度与围合	景观要素与空间整合 讲座
景观材料	材料认知 作业	景观材料与空间	景观材料运用 讲座
种植设计	植物认知 作业 建筑与植物（建筑立面设计）	植物与空间	种植设计

图 1. 模块化教学体系

教学成果

教学改革后，学生反馈良好。建筑学背景学生过去往往没有场地设计的概念，或者将植物作为景观设计的装饰要素，到设计最后才予以考虑，概念设计课题以及景观元素感知、植物认知与设计模块在设计课程中的嵌入很大地改善了这一现象。植物卡片的制作不但帮助学生熟识植物特征，还培养了学生对植物认知的兴趣，通过几个作业的训练，目前学生能够初步具备完成种植设计的能力。

图 2. 概念设计成果

图 3. 植物认知卡片教学成果

图 4. 建筑设计教学成果

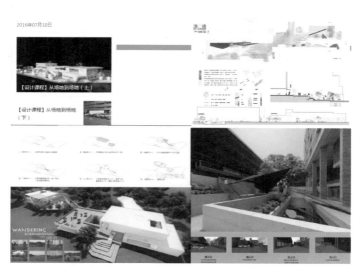

图 5. 建筑设计教学成果

风景园林专业知识体系及模块化课程建构

李瑞冬

引言

为了响应国家对本科专业人才培养方案编制工作个性化和自主化学习，压缩或控制必修课程学分，增加选修课程比例，科学设置模块化选修课程的要求，各高校开展了学分制管理的改革，根据同济大学要求，风景园林专业本科学分总量需控制在 180 学分内。而作为一个工程实践性较强的专业，风景园林本科培养中如何控制学分总量，形成符合自身专业特点的知识体系和模块化课程是未来本科培养方案编制的重点。为此，根据风景园林专业特征和发展趋势，结合通识教育与专业教育，对同济大学风景园林专业本科提出如下调整方案。

风景园林通识教育知识体系及模块化课程

表1. 通识教育知识体系中的知识领域（44学分）

序号	知识领域	知识单元	推荐课程	推荐学分
1	自然与人文	自然的演化进程 人类文化与文明发展 人类文化与信仰	行星与地球、自然地理、人文地理、生命系统科学	6
2	哲学与法学	中外哲学历史 哲学思想与方法 中外法学比较 批判性思维	毛泽东思想和中国特色社会主义理论体系、马克思主义基本原理、中国近代史纲要、思想道德修养与法律基础	6

续表

序号	知识领域	知识单元	推荐课程	推荐学分
3	经济与管理	经济学原理及经济发展规律 管理学原理	经济学基础、管理学基础	4
4	科学与技术	科学与技术的思想基础和历史进程 科学与技术的思想要点 科学探索和技术创新的精神	现代科学技术史、高等数学、科学现象与原理、科技创新	6
5	人类与艺术	人类文化的产生、发展、类型 人类社会 人类艺术的形式与表达 艺术鉴赏与艺术创作	人类文化学、社会学、美术、画法几何及阴影透视、艺术鉴赏	6
6	语言与应用	通用类语言与应用 专业类语言与应用	大学英语、科技与专业外语	8
7	信息与技术	现代信息与技术的发展	计算机信息技术、文献检索、程序设计语言	8
	合计			44

表2. 个人体质与素质领域（4学分）

序号	体素领域	单元	推荐课程	推荐学分
1	体育	体质锻炼	体育	2
2	素质	军事、心理素质	军事、心理学等	2
	合计			4

表3. 专业知识体系的核心领域

知识领域	能力领域
空间 · 形态 · 美学	资源 · 保护
环境 · 生态 · 绿化	规划 · 设计
行为 · 心理 · 文化	建设 · 管理

风景园林专业教育知识体系

表4. 专业知识体系中的核心知识领域与知识点单元

序号	核心知识领域		知识点单元	备注
1	空间形态美学	空间知识	风景园林空间的表现形式、构成要素、比例尺度及时空对应关系	空间、形态和美学三者是风景园林的主要表现形式，也是风景园林专业的核心知识之一
		形态知识	风景园林形态的外现形式	
			风景园林形态的组成要素、组合方式、功能指向、形态与意义	
		美学知识	风景园林美学的内容与表现形式	
2	环境生态绿化	环境知识	风景园林的区域、地域、基地及内部环境特征与肌理	包括从宏观到微观，从大尺度到小尺度的环境特征和肌理
		生态知识	风景园林的生态系统与结构格局、生态要素及相互作用、核心环节、以及生态规划及管理措施	可选择生态学或景观生态学
		绿化知识	风景园林绿化的生态特征、地域特征、生长特征、形态特征、文化特征、建造功能及其方法	以植物材料进行空间营造是风景园林专业的重点知识
3	行为心理文化	行为知识	风景园林空间所发生行为的目的性、能动性、预见性、程序性、多样性、可度性	应认识行为、心理与文化三者的相互影响、互为层次关系，以及与风景园林空间、形态、美学等的互动关系
		心理知识	对风景园林的心理认识过程、心理情感过程、心理意志过程，以及知、情、意心理过程三者之间的关系	
		文化知识	风景园林的显性文化特征（图式表征、名称表征、设计表征等）	
			风景园林的隐形文化特征（风景园林的象征意义、审美情趣、以及宗教、经济与政治含义等）	

表 5. 知识体系中的核心能力领域与单元

序号	核心能力领域		能力单元	备注
1	资源保护	资源层面	风景园林资源的调查、认知、分析、组织、发掘、利用等能力	在能力培养过程中培养学生的风景资源系统观、资源辩证观、资源层次观、资源开放观、资源动态平衡观等对待风景资源的专业素养
		保护层面	自然与人文风景资源的保护能力、保护手段与方法	在培养学生对于风景园林资源保护能力的同时，强化对生态环境的保护意识、可持续发展的思维等素养教育
2	规划设计	规划层面	对风景园林规划意义和特征（长远性、全局性、战略性、方向性、概括性和鼓动性等）的认识能力	在规划设计能力的培养过程中逐步树立专业准则与职业道德
			对风景园林规划的资料收集、分析、战略和目标制定、与其他相关规划的协调，以及表达等能力	
			风景园林规划流程的操控能力、项目的管理与组织能力以及对风景园林规划方法的应用能力	
		设计层面	对客户期望、需要、要求等的理解与风景园林语言物化能力	
			对设计基地内外自然和文化元素的认知、理解、分析、组织及利用能力	
			设计各流程阶段规范文件的编制能力	
			设计理论与方法的应用能力及设计的创新能力	

续表

序号	核心能力领域		能力单元	备注
3	建设管理	建设层面	各种类型、各种尺度风景园林空间建造的施工配合能力	对应于规划设计单位
			各种类型、各种尺度风景园林空间建造的施工实施能力	对应于施工单位
			各种类型、各种尺度风景园林空间建造的施工监理能力	对应于监理单位
			各种类型、各种尺度风景园林空间建造的经济控制能力	对应于建设单位
			各种类型、各种尺度风景园林空间建造的管理控制能力	对应于风景园林项目的主管单位或部门
		管理层面	对风景园林资源、规划设计、建设以及使用与维护管理能力	处于不同岗位对风景园林涉及的不同对象的管理能力

表6. 专业知识体系中的核心素质领域与单元

序号	核心素质领域	素质单元	备注
1	专业价值观	"以大自然的良性存在为最终依据"的专业自然观	专业价值观是形成专业素质的基础
		尊重和延续自然文化遗产	
2	专业责任感	维护环境的可持续发展	专业价值观、专业责任感、职业规范和职业道德、专业追求是作为专业从业人员形成现代人格的必备条件
		"为人类和其他栖息者提供良好的生活质量"和"景观守护者"的专业使命感	
3	职业规范和职业道德	遵守敬业、诚信的职业规范	
		遵守公平公正的职业道德	
		维护职业的尊严和品质	
4	专业追求	坚守理想的专业追求	

风景园林专业教育知识体系与模块化课程

表 7. 专业知识领域的内容、课程单元及推荐学分（36 学分）

序号	知识领域模块	核心知识内容	推荐课程	推荐学分
1	风景园林历史与文化	中国风景园林历史和文化 外国风景园林历史和文化 中外风景园林历史的相互对应关系及文化的异同	中外风景园林史 风景园林文化 风景园林艺术	6
2	自然和文化系统	自然系统的空间表征、构成要素 自然场地条件与生态系统 土地利用模式与建成形态 文化系统的构成要素、特征及对风景园林的影响 自然系统与文化系统之间的关系	风景资源学 场地分析 基础生态学 景观生态学 人类文化学	8
3	植物材料及其应用	植物的分类与名称 植物的群落生态系统 植物的景观特色 植物在风景园林中的功能及其应用 种植设计原则、流程及其方法 植物的后续管理与维护	植物学 种植设计 植物养护与管理	8
4	风景园林规划设计的理论与方法	风景园林规划设计理论领域的发展历程与当代发展方向 风景园林规划设计理论与方法 风景园林规划设计工作的设计流程与模式 风景园林的规划设计语言 风景园林相关规划设计的理论与方法	建筑设计原理 城乡规划原理 风景园林导论 风景园林规划原理 风景园林理论前沿 风景园林设计方法	10
5	公共政策与法规	对风景园林使用和发展产生影响的政策和法律规范 风景园林的基本法规、附属法规及相关法规 风景园林发展新的趋势和问题 风景园林工程项目的审批流程	风景园林法规与规范 风景园林政策与发展	4
	合计			36

表 8. 专业能力领域的内容、课程单元及推荐学分（72 学分）

序号	能力领域模块	核心能力内容	推荐课程	推荐学分
1	工程材料、方法、技术、建设规范和工程管理	工程材料及其特性的认知能力	建筑力学与结构 风景园林材料学 风景园林工程设计 建筑与风景园林构造 风景园林工程经济 风景园林项目管理	8
		工程材料在设计中的应用能力		
		工程技术流程的了解与理解能力		
		风景园林建设工程项目建设规范的了解与理解能力、设计管理能力以及建造、监理等管理能力		
2	各种尺度的风景园林规划设计、管理和调查、研究、实践	客户目标、需求、要求等的理解能力	建筑规划设计基础 建成环境设计 风景园林设计 风景园林详细规划 风景园林总体规划	56
		资料调查收集、数理分析能力		
		规划设计目标、策略的制定能力		
		各类规划的理解与协调能力、项目组织管理能力		
		规划设计项目各阶段文件的编制能力		
		规划设计理论和方法的应用能力、创新能力		
3	信息技术和计算机应用	信息的收集、筛选、分析能力	文献检索（数据库、OFFICE 等）	6
		信息的数理分析能力、图形文件的处理能力、计算机辅助设计的能力	计算机信息技术、地理信息系统（GIS 等）	
		设计成果的表达与交流能力	POWERPOINT 等	
4	沟通与交流	规划设计成果的口头陈述能力	专业沟通与交流	2
		规划设计成果的可视化交流技巧（如图片和影音等）		
		在不同阶段与规划设计项目合作者的联系或当面交流能力		
		风景园林规划书面文件或图形文件的制作与表达能力		
		风景园林项目的会议组织能力		
	合计			72

风景园林专业实践体系与模块化课程

表 9. 实践体系中的领域、核心实践单元及推荐学分（24 学分）

序号	实践领域	实践模块	实践核心内容	推荐学分
1	实验	环境与生态学基础实验	对构成风景园林的水、土、大气、声等基本环境要素以及生态、气候、地貌、地质、水文等基本地理要素的基础实验	4
		行为与规划设计实验	对使用者在风景园林中的观察和模拟实验，探索规划设计与使用者行为之间的关系	2
2	实习与实践	艺术造型实践	风景园林空间、美学、美术、艺术造型实践	2
		风景园林认知实习	风景园林空间实体及图式认知实习	1
		风景园林考察实践	风景园林空间感知实践、风景园林组成元素考察实践、风景园林工程建设考察实践	1
		风景园林规划设计实践	不同尺度风景园林规划设计实践	2
		毕业设计	综合性风景园林规划设计实践	8
		企业实习	实际工作环境与工作状态体验实习	2
3	设计	国内院校联合设计	国内同类院校的联合设计（暑期夏令营）	
		国际院校联合设计	国际同类院校的联合设计（暑期夏令营）	2
		设计竞赛	国内外各类设计竞赛	
	合计			24

见微知著——微信公众平台辅助课程实践的教学探索

陈静 李文敏

以微信为代表的社交平台，已经成为新的媒体传播渠道。2016 年 7 月腾讯企鹅智酷发布了微信用户行为报告，数据表明微信每个月有 7 亿多活跃用户，常用微信功能的前三分别是朋友圈、收发消息和公众号排名。随着微信公众平台模块的不断完善，尤其是信息群发、共享和实时交互的功能为教师与学生提供了新的交流平台。自 2015 年起，同济大学建筑与城市规划学院景观学专业选修课"现代生命科学与人居环境"开始借助微信公众平台辅助课程实践，通过两年多的使用我们发现师生的交流与沟通更加方便，学生参与课程实践的热情得到提高，教学效果也得到提升。

实践教学平台微信公众号的创建与维护

在 2015 年的屋顶农场实践教学过程中，学生自发申请了微信公众号"菜心Vegheart"并设计了 logo，定期分享平台上植物育苗、移栽、养护与收获过程，并根据节气相应地推送主题文章（表 1）。学生把实践过程整理成文章在公众号上发表之后，微信点赞和转发分享朋友圈的互动功能"立竿见影"，既激发了学生实践的兴趣和热情，也强化了教学效果。同时，学生也在实践中积极思考如何结合自主创新，多发原创性的文章。

微信公众号与策展

2015 年课程要求学生在同济校园各处收集落叶，利用秋天叶色的渐变现象制作了一面"叶墙"，从风景园林专业角度表达了他们对生命科学的认识与理解。通过 "菜心 Vegheart" 微信公众号发布策展消息之后，也吸引了大量非选课学生的积极参与。选课与非选课生之间互相 PK 作品，准备了一个月之后在学院展出 17 件作品，同时也在微信朋友圈掀起投票热潮，反响很好。2016 年第二届落叶展继续借助微信公众号征集作品，共计 23 件作品展出。

微信平台与问卷调查

一般情况下，课程实践调研要求学生去现场做问卷调查，可以深入访谈捕捉更多信息，但是耗时耗力。微信平台的优势是可以很快获得反馈，因此有些类型的问卷完全可以借助微信平台获取信息。2015 年课程实践对上海居民使用社区支持农业的意愿进行了网络问卷调研，获得反馈较快，对于初步摸底了解情况有一定帮助。

结语

从 2015 年和 2016 年课程实践使用微信公众平台的效果来看，师生间的交流与沟通更加方便，能够及时紧扣社会热点问题激发学生"头脑风暴"参与讨论的热情，拓宽了学生的学习内容和学习途径，丰富了传统的课程教学模式。未来微信公众平台辅助课程实践教学探索的更多可能性还有待继续挖掘。

表 1. 同济大学景观学系屋顶农场实践平台定期推送文章列表

推送时间	文章题目	阅读量
2015/6/16	今天，我们种下梦想，回归初心。	440
2015/6/19	粽子叶究竟是什么叶	174
2015/6/20	万物生长|原来规划大厦有个菜圃？原来菜圃里有那么多作物（蔬菜篇）	196
2015/6/24	万物生长|原来规划大厦有个菜圃？原来菜圃里有那么多作物（花果篇）	105
2015/7/1	十八般武艺战蜗牛	218
2015/12/2	弄秋|--秋天是什么模样？是您脑海中的想象~	118
2015/12/17	今天这里最热闹|"一叶知秋"落叶展开展啦！	38488
2016/9/7	招新|你愿意做新一代的菜心ers吗?	160
2016/9/7	节气菜单|白露到，来做一盆番薯盆栽吧！	323
2016/9/21	菜心ers的日常|苋菜染	382
2016/9/22	节气菜单|如何优雅的食用秋分的苋菜	122
2016/10/8	节气菜单|寒露的银杏：不要忘记我的小名	166
2016/10/9	一叶知秋|从一片落叶开始	263
2016/10/23	节气菜单|无患子：许你身心无忧愁	151
2016/11/2	当生菜年纪还小的时候	200

科研

RESEARCH
046-099

黄土高原干旱区
水绿双赢空间模式与生态增长机制

刘滨谊

项目概况

起止日期：2012 年 1 月—2015 年 12 月

项目来源：结题国家自然科学基金面上项目（51178319）

项目负责人：刘滨谊

项目主要参与人员：刘滨谊教授；王南博士；张德顺教授；张东见高级工程师；
Gillian Lawson 博士；博士生：王鹏、余露、郭璁、赵彦；硕士生：林濛、戴岭

研究结果

构建了水绿双赢空间模式与增长机制的诸时空模式：

1）宏观尺度（100~500 年、数百至上千平方千米）的景观化水绿双赢生长性集水造绿"底—图"空间模式，其生长方式为"基底—空间—网络"，形态表征为"以水为纸，以绿为绘"，并在此模式基础上提出了以援助扩散为主要形式的生长机制作用原理、调配方式与增长预测；

2）中观尺度（50~100 年、几十至数百平方千米）的生态化水绿双赢生长性集水造绿"种—群"空间模式，其生长方式为"物种—格局—群落"，形态表征为"以绿涵水，以水养绿"，并在此模式基础上提出了以比对调整为主要形式的增长机制作用原理、调配方式与增长预测；

3）微观尺度（5~50年、数平方千米至十几平方千米）的人居化水绿双赢生活性集水造绿"虚—实"空间模式，其生长方式为"人文—产业—聚居"，形态表征为"人与天调，水绿富人"，并在此模式基础上提出了以循环支撑为主的水绿原生、水绿扰动、水绿调和、水绿双赢四阶段演进机制作用原理、调配方式与增长预测。

研究通过环县县域、甜水堡镇域及"上海绿州"世博林基地、甜水镇区的实证，分别验证了三类空间模式及其增长机制，给出了具体的规划设计方法，实现了水绿调配，预测了增长趋势。

项目成果
迄今，研究发表：期刊论文 11 篇，会议论文 11 篇，学位论文 3 篇。

城市宜居环境风景园林小气候适应性设计理论和方法研究

刘滨谊

项目概况

起止时间：2014 年 1 月 1 日—2018 年 12 月 31 日

项目来源：在研国家自然科学基金重点项目（No.51338007）

项目负责人：刘滨谊

2015 年度本研究参与人员：

同济大学：刘滨谊教授；张德顺教授；匡纬博士后；张琳讲师；博士生：王振、梅欹；硕士生：林俊、林可可、李单、王晓蒙、邱蒙、陈荻

西安建筑科技大学：刘晖教授；董芦迪教授；樊亚妮讲师；武毅讲师；孙自然讲师；硕士生：李孟柯、孟凡、吴碧晨、李冬至、王冠、朱红

项目 2015 年度研究进展：

1. 理论与方法研究

通过文献梳理及案例收集，从理论层面进行了以下研究：①小气候适应性风景园林设计方法与理论研究；②城市风景园林小气候与人体舒适度的关系研究；③城市风景园林小气候环境模拟原理与方法研究。

2. 实验测试

1）上海城市典型风景园林空间与小气候关系测析

2015 年，项目组对上海城市 1 000~100 000m² 尺度范围内的广场、滨水

带、街道进行了小气候要素（风速、风向、相对湿度、空气温度及太阳辐射等）数据的实测，于 2015 年 1 月—3 月，7 月—9 月，11 月—12 月开展了夏、冬季共计 30 余次综合指标测试：

①发现了上海城市广场小气候要素与空间竖向间定性与定量关系；

②发现了上海城市滨水带空间断面、平面布局对小气候的影响规律；

③发现了上海城市街道空间形态与小气候要素间关系。

2）上海城市居住区风景园林空间小气候与人体舒适性关系测析

项目组于 2015 年 7—8 月对上海居住区"SVA·世博花园"进行了风景园林空间小气候要素实测及人体舒适度问卷调查，借助居民行为模式观察，发现：

①风景园林空间朝向、绿化覆盖率及水体是影响住区小气候的主要空间要素；

②太阳辐射与风速是影响住区夏季人群舒适性的主要小气候要素；

③遮阴是夏季人群休憩空间遴选的关键因素。

研究初步提出了小气候适应性风景园林设计策略：

①合理设置风景园林空间朝向；

②合理增加风景园林空间绿量与水体面积；

③合理设计休息设施区的遮阴空间。

3）西安城市街道林荫空间风景园林小气候测析

项目组于 2015 年夏季对西安市 14 条典型城市街道林荫空间进行了全天 24 小时时段和日照 12 小时时段的数据测试。关于"单拱封闭型"街道林荫空间的夏季小气候测试分析取得重要研究进展。

①建立了街道林荫空间类型和基本空间单元；

②明确了夏季冠下空气层气温日变化的 4 个时段特征；

③验证"单拱"封闭型林荫空间的夏季降温作用，初步揭示了影响夏季气温变化的多种主导热辐射作用机制，包括树冠辐射、地面辐射和空气辐射；
④通过实测发现了街道林荫空间夏季的"空间热效应场模式"。

2015 年度研究成果：
研究发表期刊论文 3 篇，会议论文 2 篇，学位论文 14 篇。

1. 期刊论文

[1] 刘滨谊，林俊 . 城市滨水带环境小气候与空间断面关系研究——以上海苏州河滨水带为例 . 风景园林,2015（6）：46-54.

[2] 刘晖,李莉华,董芦笛,杨建辉 . 生境花园:风景园林设计基础中的实践教学 . 中国园林，2015（5）：12-16.

[3] 樊亚妮，董芦笛，尤涛 . 结合气候生态的城市带状绿色空间设计——以 UC4 联合毕业设计"西安幸福林带核心区城市设计"为例 . 建筑与文化，2015（5）：49-52.

2. 会议论文

[1] 梅欹，刘滨谊 . 风景园林小气候感受影响机制和研究方法 . 中国风景园林学会 2015 年会，2015.10.31 - 2015.11.01.

[2] 刘滨谊，匡纬 . 上海城市广场小气候要素与空间竖向关系测析 . 中国第二届数字景观国际研讨会，2015.10.17 - 2015.10.18.

都市休闲度假旅游
发展战略研究

严国泰

项目概况

起止日期：2014 年 3 月—2014 年 12 月

项目来源：上海市人民政府咨询研究项目（2014-Z-E03）

项目负责人：严国泰

项目主要参与人员：严国泰教授；赵铁铮博士；博士生：马蕊、李丹丹、沈豪；

硕士生：管金瑾、王晓洁、周详

研究结果

1. 界定了上海都市休闲度假的旅游要素

包括直接要素与间接要素，直接要素依据其与休闲度假活动的相关度可细分为休闲度假资源和休闲度假条件；间接要素可分为休闲度假环境和休闲度假经济。

2. 提出了休闲度假的发展趋势

1）产业融合：旅游业与现代服务业及相关产业融合，共同发展休闲度假产业。

2）人群融合：随着上海休闲度假多元化、多层级的发展，中高端消费者与大众消费者在多元化发展的引导下，交汇融合地体验休闲文化内涵。

3）空间融合：随着休闲度假的深入，城市公共空间与可以共享的非公共空间、公共资源与可以共享的私人资源、城市公共活动与可以共享的私人活动将发生横向联系，融合发展。

4）区域融合：上海作为长三角地区的核心区域，将与长三角地区各地的休闲度假空间发展优势共享。

3. 战略目标定位

研究确定了上海都市休闲度假旅游发展战略目标：具有完善成熟的休闲度假产品系列与空间布局、拥有稳定的国际国内客群的都市休闲度假胜地。

4. 实现战略目标的措施

研究了以多元文化为核心的文化休闲度假，以都市体验为核心的现代休闲度假，以郊野体验为核心的生态休闲度假，以主题项目为核心的特色休闲度假，作为实现上述战略目标的措施。

研究成果

迄今已完成了四篇硕士学位论文与两篇会议论文，分别为《上海龙华历史滨江区人文景观空间的有机更新》《上海青西郊野公园休闲度假系统研究》《基于江南水乡特征的上海青西郊野公园发展系统研究》《外滩—陆家嘴城市休闲区的空间协同发展研究》《论大城市郊野公园的生态功能——以上海青西郊野公园为例》《城镇化背景下社区花园管理初探》。会议论文发表于中国建筑工业出版社出版的中国风景园林学会 2014 年会论文集。

城镇群高密度城区绿地生态效能优化关键技术

王云才 刘颂 王敏 张德顺

项目概况

课题时间：2012—2015 年

课题来源：国家科技部十二五科技支撑计划（2012BAJ15B03）

主要人员：王云才、刘颂、王敏、张德顺

研究内容

研究大城市辖区范围内的高密度城市建成区域的绿地生态空间的规划构建、绿地生态效能的优化及相关技术应用与实验，适用于建设单位、规划设计单位和有关管理部门等。高密度城区绿地生态空间效能优化应立足于城市总体和高密度地区的全域统筹，以大城市可持续发展为目标，坚持节约用地、立体突破、效能关键、因地制宜等原则，统筹大城市高密度城区绿地生态空间的布局。并从绿色碳汇、生态景观与低碳绿地、生物多样性、垂直绿化、气候变化及响应等重点领域和途径出发，促进和优化高密度城区绿地生态空间的综合效能。

课题成果：城镇群高密度城区绿地生态效能优化关键技术导则

1. 绿色碳汇技术导则

本导则主要研究了绿色碳汇效能评价与优化技术。城市绿色碳汇是指人类活动影响下，城市范围内的绿色植物通过光合作用，将大气中的 CO_2 吸收并固定在植被与土壤当中，主要体现为植被碳汇、土壤碳汇和水体碳汇三种类型。关于城市绿色碳汇的研究，国外起步较早，从 20 世纪 70 年代起，城市绿地监测成为城市绿地管理的一项基本内容。1991 年朗特里 (Rowntree) 和诺瓦克 (Nowak) 对整个美国的城市森林碳储量进行估算，自此，各种关于城市生态系统碳储量研究陆续开展。在国内，1996 年方精云首次引入生物量模型，建立了森林生物量与森林净生产力的函数关系，对我国 50 年来森林碳库、平均碳密度和 CO_2 源汇功能变化进行了研究，并在此基础上发展了中国陆地生态系统碳循环模型。目前，城市绿色碳汇的研究内容主要涉及大尺度范围内的城市森林、草地、土壤碳储量的评估与监测及动态变化特征，以及个别树种的碳汇研究。

2. 生态与低碳景观设计技术导则

随着城市化进程的加快、环境污染和破坏的加剧、居民环保意识的增强，人们对居住区和生活环境提出了更高的要求，生态居住区建设逐渐引起广泛的关注。国内很多生态居住区的评价指标一般都针对建筑领域进行评价，重硬件、轻软件，缺乏对生态居住区的全局考虑。生态居住区是一个自然—社会—经济—人类复合的生态系统，是一个"舒适、健康、文明、高能效、高效益、高自然度的、人与自然和谐以及人与人和谐共处的、可持续发展的居住区"。本文将生态居住区指标评价体系主要分五大部分内容，分别为生态居住区整体特征评价指标体系、生态居住区植物评价指标体系、生态居住区材料评价指标体系。低碳景观建设的途径与低碳城市建设途径一脉相承的。减排又可以分为"直接降低碳排放"和"降低整个生命周期的碳排放"。增汇即通过景观植物的固碳释碳能力来增加碳汇。社会协同也是实现低碳景观的重要途径之一。所以，概括来说，低碳景观的实现途径主要包括：直接降低碳排放的途径，增加碳汇的途径，降低整个生命周期碳排放的途径和社会协同的途径。

3. 生物多样性技术导则

课题创新型地提出构建风景园林生物多样性框架体系是基于以下基本认识：①风景园林生物多样性体系建立目的在于能够引导风景园林规划设计充分体现生态特征和建立生物多样性保护的基本途径；②建立服务于风景园林学科的生物多样性设计框架体系的难点在于建立不同尺度的风景园林空间生物多样性设计体系。风景园林空间存在城市——区域、公园、花园和微小绿地等四个明显的尺度分异；③结合风景园林空间的维度特征，风景园林学科的生物多样性体系可以形成"C-3P"的框架体系。"C-3P"的框架体系主要包括风景园林景观空间的构成多样性（Components）、格局多样性（Pattern）、过程多样性（Processes）和景观感知的多样性（Perception）。因此，反映在城市高密度地区的生物多样性上，通常意义上的物种多样性只是风景园林生物多样性的一个构成，以城市绿地和绿化空间形成的多因子、多维度、多样化生境为物质空间载体的生物多样性优化设计是进行关键技术突破的核心。

4. 垂直绿化效能优化的技术导则

本文通过对垂直绿化绿量的实际测算结果与水平地面植物配置最优比例的平均叶面积指数进行对比，作为垂直绿化绿量转化的依据，提出垂直绿化定量补偿政策转化的系数参考值。同时提出以不同类型用地的经济效益与美学效益作为分析依据，给予一定用地"超量补偿系数"的定性补偿政策转化系数。

5. 上海未来气候——植物观赏特性数据库

王云才 刘颂 王敏 张德顺

基于气候相似性理论，从国外 900 多个城市及国内 100 个城市之中，分析出与上海未来气候特征最为相似的两个城市，对于这两个城市的植物进行一定的考察调研，整理出目前当地的常见树种，同时对这些树种进行筛选比较，推测出这两个城市中符合未来上海树种挑选范围。同时要针对其生长习性，及主要分布源将目前上海树种不符合未来气候变化的树种移除名单之外。整理得到未来适宜上海气候环境的树种模拟数据库。共获得 460 余种未来可能适合上海气候特征的乔木树种名录，其中包含色叶观叶植物 122 种，常绿植物 128 种，观花植物 113 种，以及闻香观果植物 88 种。其中来自国内及国外城市未来外来引种树种达到 240 余种，上海本土树种约 220 余种。

国家标准《城市绿地系统规划规范》编制

金云峰

项目概况

课题时间：2013 年 5 月—2016 年 9 月

课题来源：城乡规划标准化技术委员会

课题负责人：金云峰教授

课题主要参与人员：张尚武、刘颂、李瑞冬、刘悦来等

研究内容

1. 城市绿地系统规划内容

城市绿地系统规划是对应于城市总体规划层面构建绿地在整体格局上的合理系统。城市绿地系统规划是对城市建设用地中的绿地与广场用地（G 类）进行细化及布置；对城市建设用地以外的绿地（L 类）进行划定及管控；对专项绿地内容进行引导（如绿道、附属绿地、防灾避险、立体绿化、生产绿地、古树名木与树种选择等专项绿地规划）。城市绿地系统包含三方面内容：G类用地组成的城区绿地系统、L 类市域绿地组成的市域绿地系统、各个独立的专项绿地组成的叠加系统。

2. 市域绿地系统规划

市域绿地系统规划的目的是通过对城乡自然或人工绿化空间进行合理布局和分级控制引导。

根据绿地的主导功能，将市域绿地 L 分为生态安全型绿区 L1、防护隔离型绿区 L2、风景游憩型绿区 L3 三个主要类型。生态安全型绿区规划应注重识别具有生态保育功能的绿地，明确其位置、范围、规模和整体布局，并对其功能和布局进行引导。防护隔离型绿区规划应加强市域绿地的防护功能，明确其位置、范围、规模和整体布局，提升城市的环境品质，兼顾休闲游憩的功能。风景游憩型绿区规划应突出休闲游憩功能，明确其位置、范围、规模和整体布局，在保护生态环境的基础上合理建设游憩设施和游憩廊道，构建完整的游憩系统。

3. 城区绿地系统规划

城区绿地系统规划主要对象为城市总体规划中确定的"绿地和广场用地"。绿地和广场用地的功能包括游憩、生态、隔离、防护、纪念、集会、避险、景观风貌等。在功能上复杂程度高，单块绿地可以具备多种功能，给规划操作带来了难度。依据城市用地分类标准中对 G1 公园绿地、G2 防护绿地、G3 广场用地的定义，可将这三个中类的绿地主导功能进一步明确为：公园绿地—游憩，防护绿地—防护、广场用地—景观风貌。这三大主导功能是 G1、G2、G3 互相区别的重要依据。

4. 公园绿地布局

公园绿地的主导功能是游憩，兼具生态、美化、防护等其他功能。其中，游憩分为基本游憩与扩展游憩两个功能类型。公园绿地应依据规划目标、发展定位，以基本游憩型、扩展游憩型两种功能类型来组织整体规划布局。基本游憩型公园绿地承担城市居民对游憩的基础需求，是任何城市都应配备的游憩基础设施，如：目前城市内的综合公园、居住区公园等。扩展游憩型公园绿地承担市民对特色游憩活动的需求，布局时尽可能结合本市特有的自然条件、人文条件,对数量和规模不作具体控制,如:目前城市内的动物园、植物园、儿童公园、历史名园、纪念公园、体育公园、主题公园等。承担基本游憩的公园绿地与承担扩展游憩的公园绿地不可相互替代。

5. 防护绿地设置

对有卫生、安全、隔离等功能要求的城市建设用地应设置防护绿地，并应发挥绿地的防护主导功能，不宜兼作公园绿地等使用。防护绿地主要包括卫生防护绿地、隔离防护绿地、安全防护绿地、交通防护绿地、城市引风林带和生态防护绿地。

6. 广场用地功能

广场用地承担美化城市景观风貌、游憩、集会、纪念与避险功能。广场用地宜结合功能性主题进行分类设置，配合不同城市地段的景观风貌。广场用地的游憩功能与公园绿地的游憩功能存在互补，满足扩展游憩需求，在绿地系统规划中，广场用地可以与公园绿地配合，共同提供城市整体户外游憩服务系统的空间配置。

7. 附属绿地规划

附属绿地补充承担游憩、防护、景观风貌三种绿地系统功能，单块建设用地所包含附属绿地的主导功能一般是由主体用地功能和性质决定的，还应兼顾周边地块用地的功能和性质。

课题进展

已经完成了制定城市绿地系统规划的基本原则、基本内容、指标体系与技术
参数、规划内容及其形式要求。具体包括明确绿地系统规划编制的基本原则
和价值取向，明确绿地系统规划的编制内容、空间层次、基本规定等目标。

研究成果

迄今，研究发表《城市绿地系统规划编制——"子系统"规划方法研究》等
期刊论文 13 篇，发表《城市绿地系统规划编制——市域层面绿地规划与管
理模式探讨》等会议论文 11 篇，学位论文《城市绿地系统指标体系与布局研
究》等 11 篇。

城市公园景观健康效益研究新进展

吴承照

项目概况

项目起始日期：2013 年 3 月—2016 年 12 月

项目来源：国家自然科学基金项目（51278347）

项目负责人：吴承照

该成果完成人员：吴承照、王欣歆、Susan Rodiek、陈易、张颖倩

重要结论

压力缓解与行为体验是景观健康影响研究的二个关键领域，基于脑电、皮电测试的景观实验方法，比较不同景观类型的压力缓解效应，发现无论生理测量还是心理问卷测试，均表明在相似开敞度（40~90m）的城市公园环境中，以自然为主的景观要素如水面和草坪，相较于以硬质为主的景观要素如广场，可以更有效地缓解压力和注意力；知觉恢复性量表的结果也显示，相对于无人广场，水面和无人草坪的恢复性评价更高，达到显著水平；与有人草坪场景相比，观看无人视频场景能够更好地恢复注意力水平，结论支持了先期研究认为少人的场景更易于获得平静，达到缓解压力效果的观点。

基于户外环境的行为观察，发现参与不同活动类别的公园使用者对城市公园健康效益的评价各有不同，使用者的活动程度越高，认可获得的健康效益也越多；活动强度的提升对身体健康、心理健康和社会性健全方面都有增强，尤其是运动类活动，相较于休憩类活动，对健康的各方面都有明显的改善作用；对草坪、广场、水面和建筑设境行为记录结果显示，广场设境对运动类活动

的支持力最高，其次为水面设境和草坪设境，建筑设境对运动类活动的支持力最低。

基于室内实验与室外观察的研究结论既有共同点，也有不同点。对于独立的、以观察为主的城市公园使用者，观察的空间对象以自然要素为主，则更易于获得缓解压力的健康效益；对于具有行为活动能力的城市公园使用者，城市公园中如广场、草坪等可进入场地是他们必不可少的活动场所，从环境、活动、交往和体验中能够获得更综合的健康效益。尤其重要的是场地环境特征在恢复体验中起到了关键作用，特别是围合感、遮阴效果等与自然要素相关的空间属性影响更为明显。

成果形式

发表 1 篇英文期刊论文，SCI 收录，中文核心期刊论文 2 篇，博士论文 1 篇（通过答辩，推荐为优秀博士论文）。

转型期城乡绿地系统优化方法研究——以长江三角洲区域为例

刘颂

项目概况

课题时间：2014 年 1 月—2017 年 12 月

课题来源：国家自然科学基金委员会（项目批准号：51378364）

课题人员：刘颂教授；博士生：陈长虹、刘蕾、陶一舟；硕士生：何蓓、洪菲、张莉、张翀、高翼

课题研究内容

以快速城市化进程中的长江三角洲区域为研究对象，针对城市发展区域化、巨型化、集约化出现的生态环境问题，以景观生态学、保护生态学理论为基础，通过"城市本位"向"城乡统筹"观念的转型，完善城乡绿地系统规划体系，探索构建多层次城乡绿地系统规划体系的城乡生态系统优化途径，并寻求与相关法定规划的整合途径。

阶段性研究成果

1. 城市用地分类新标准导引下城市绿地系统规划的应对

新的《城市用地分类与规划建设用地标准 (GB50137-2011)》于 2012 年 1 月起开始执行，对新标准引导下的城市绿地系统规划提出以下对策：

1）改变规划视角，对接城乡规划体系。改变以往"以城市为中心"的规划建

设思路，扩大规划范围，综合建成区、规划区与市域，统筹全域绿地；空间管控包括城市、镇、乡、村等行政管辖等级，对接各行政单元的规划体系，使"城市绿地系统规划"走向"城乡绿地系统规划"，在规划空间层次上，城乡绿地规划的规划重点应落实在市域和规划区或中心城区两个空间层次。两层面相互耦合，互相补充，共同组成全域游憩、景观、生态保障系统。

2）调整、深化规划内容。①调整绿地规划对象。重视绿地生态效益、强调开敞空间属性是新标准对绿地用地调整的出发点。②增加功能性专项规划。对立体绿化、绿道、防灾避险规划等途径予以重视，配套相应的技术标准，将其纳入绿地系统规划功能性专项规划内容，以适应当前高密度集约建设的要求。

3）新编规划技术依据。重新调整《城市绿地分类标准》，一是加强对城市开放空间的重视和引导，呼应新标准的"绿地和广场用地"大类，增加广场用地，明确其功能定位及其与城市绿地的关系；二是加强对市域绿地生态功能的重视。 新编《城市绿地系统规划规范》，完善城乡绿地系统规划编制内容，增加功能性专项规划为弹性编制内容等。[1]

2. 论我国市域绿地的管控

市域绿地是在市域范围内非建设用地中对维护区域生态安全、保护自然人文特色和美化城乡环境景观的绿色基础设施。具有功能复合性强、土地权属复杂、土地利用类型多样、建设管理机构众多等特点，因此在管理控制上存在诸多问题，从而成为市域绿地综合生态功能发挥的羁绊。市域绿地空间管控可从

---

[1] 该成果全文发表于《华中建筑》2015 年第 12 期。

三方面考虑：

1）基于生态服务功能的分类管控。管控内容可以包括：①明确其范围，同时考虑市域绿地边界与城市增长边界、开发控制边界及生态控制线之间的关系，进而落实各类型绿地保护范围线和规模。②注重其布局结构，应统筹考虑其完整性、连通性、避免斑块破碎化、割裂和退化，对于各类型绿地同样考虑其内部结构的完整性和外部与其他斑块的连通性，形成发挥生态服务功能最优化的生态网络。③明确主导功能目标，市域绿地的主导生态服务功能依托于各种土地利用类型，应充分考虑各类型功能及用地的兼容性，使每种类型用地都能保障自身内部结构的稳定性及相邻地块间的补充促进性，并发挥其各自的生态服务功能。

2）基于生态敏感性评价的分级管控。分级控制是依据敏感程度等级对市域绿地进行实行差异化管理，并提出相应级别的控制要求。管控内容可以包括：①边界控制。划定市域绿地内部各类型绿地控制边界，明确非建设用地规模及总量。②容量控制。严格限定市域绿地开发建设容量上限，确保其在生态承载力允许范围内发挥综合效益最大化。③指标控制。各种类型的市域绿地都有其各自不同的指标衡量因子和标准，如森林覆盖率、林地建设量、农田保护率、水土流失率、水面率以及生物多样性测度指标等都是为更好的发挥生态服务功能而制定的管控标准。④活动干扰控制。对于不利于市域绿地生态服务功能的建设活动项目及设施建设，应严格控制。同时促进适宜市域绿地空间生态效能发挥的人类活动。

3）基于各部门分工协同的分单元管控。在分类分级管控的基础上，采用分单元管控方式，即按照分类中每一大类中各小类的土地利用类型、生态敏感性分级及其行政管理归属进行单元划定，形成与各管理部门（管控主体）对接的管理单元。由市政府协调，制定统一的保护目标和要求，明确各级政府、各部门对市域绿地的管理职责、内容和重点。[2]

---

[2] 该成果全文发表于《风景园林》2015 年第 5 期。

建成环境景观感受信息采集及集成分析研究

刘颂

项目概况

课题时间：2015 年 1 月—2016 年 12 月

课题来源：同济大学高密度人居环境生态与节能教育部重点实验室

课题人员：刘颂教授；刘悦来讲师；陈笋助理教授；董楠楠副教授；硕士生：张桐恺、何蓓、章舒雯

课题研究内容

在信息技术飞速发展的背景下，探讨新技术尤其是数字技术在风景园林中的应用，重点研究建成环境空间信息的采集方法与集成，模拟、控制等手段，辅助分析使用者的心理感受，应用于景观规划设计指导。

研究成果

本研究提出和完善了"数字景观"概念，总结了数字技术在风景园林中的应用类型及其发展趋势。

数字景观是区别于传统的用纸质、图片或实物来表现景观的技术手段，借助计算机技术，综合运用 GIS、遥感、遥测、多媒体技术、互联网技术、人工智能技术、虚拟现实技术、仿真技术和多传感应技术等数字技术，对景观信

息进行采集、监测、分析、模拟、创造、再现的过程、方法和技术。

1. 基于技术角度的数字景观的分类

根据风景园林规划设计的一般过程及数字景观技术在应用中发挥的功能，可将其分为三大类：景观信息采集技术、分析评估技术和模拟可视化技术。

1）景观信息采集技术。数字化景观信息的采集即是将现有的记录在纸质、胶片上的景观信息数字化，或通过现代数字仪器设备直接将景观信息以数字方式记录在存储介质中。数字化过程使用的硬件设备有多种，如数字化仪、扫描仪、数码照相机、数码摄像机、遥感传感器以及能记录海量数据的存储器等。将不同来源的时空数据按照一定的映射方式建立景观信息数据库，为后期规划、管理及修复服务。近年来，随着互联网、移动互联网、云计算技术的发展，手机信令、社交网、微博、微信、电子邮件等各种网络服务也加入到数据生产中，通过用户与设备的交互操作，用户的空间与时间行为状态等无意识地转化为数据，改变了信息的形成过程，为风景园林中非空间事务数据的获取和空间化提供了崭新的途径。

2）景观分析与评估技术。借助相关数学模型对景观进行分析和评价技术应是数字景观技术的核心所在。如以数字化的景观信息为研究对象，进行生态敏感区分析、用地适宜性分析、景观美感度分析、可达性分析、视线视域分析、风热条件分析、景观格局分析，等等。地理信息系统技术（Geographical Information System,GIS）被认为是可嵌入各种分析模型的技术平台之一，它在存储管理景观信息有特殊的优势和强大的空间分析和数据处理功能，无疑成为目前广为应用的分析评估技术。

3）景观模拟与可视化技术。目前景观模拟和可视化技术发展非常迅速，有通过马尔科夫模型、元胞自动机、神经网络分析等模型模拟景观发生发展的过程并以图式展现，有利用虚拟现实技术、三维视景仿真技术实现观赏者的交互性、沉浸性的现实感受，而近几年来三维 GIS 技术（如 Skyline）的出现使得融合海量的遥感航测影像数据、高程、矢量数据、具有地理坐标的精确三维模型信息系统的基础上进行复杂空间分析和交互式、精准性的规划设计成为可能。

2. 数字景观的发展趋势

数字景观不仅是景观空间表达放大的变革，更是风景园林分析方法的革命。它使得风景园林表达和分析结果更直观、便捷、精准，可以预见，数字景观技术方兴未艾，将逐步成为风景园林学科的研究热点之一。

1）景观的数字模拟仍是未来的研究热点之一。如何使模拟的景观空间形态更逼真、更容易、速度更快，如何将模拟的景观形态参与到规划设计中、如何将景观过程进行动态模拟并预测推演，等等。

2）地理设计将是风景园林中的参数化设计。地理设计（geodesign）集成了现有城乡规划与风景园林研究所需的一些主要成果和理念，如情景分析、循环评估、动态规划、公众参与、即时评价、参数化设计等。规划设计人员可将大脑中的构思方案通过系统所提供的智能化设计工具绘制出来，也可方便地通过系统所提供的各种分析工具对所绘制的方案进行分析和评估。方案的每次局部调整，都可通过所设定的指标参数得到反馈。

3）大数据及数据挖掘技术将是重点攻关的热点。随着互联网的快速发展，以云计算进行大容量数据存储和访问，以物联网促使数据的实时产生，以社交网络将人的喜好、情绪转变为数据，以智能终端诱使市民将出行、活动等无意识地转化为数据，改变了信息的形成过程，为风景园林中非空间事务数据的获取与空间化提供了崭新的途径，人们获取信息（数据）的途径、规模、数据种类正在以极快的速度增长，如何构建海量时空数据生产与获取、多源异构数据集成、基于主题的时空数据建模与分析和智能决策支持等，将是研究热点之一。

园林植物应对气候变化的抗风性研究

张德顺 李玲璐 刘鸣 李科科

项目概况

起止日期：2015 年 1 月—2018 年 12 月

项目来源：本课题是国家自然科学基金面上项目"应对气候变化的园林树种选择机制研究——以上海为例"（31470701）的组成部分

项目负责人：张德顺

项目主要参与人员：张德顺教授；博士生：王振、刘鸣、李科科；硕士生：李玲璐、杨雯文、罗静茹、章丽耀、刘哲

研究成果

风害是我国沿海及其他多风地区损毁园林树木的主要自然灾害之一。特别是随着人工植树数量的逐年增加和气候变化引起的极端天气现象如强台风、强冷空气所带来的大风等的频繁发生，园林树木因风灾受损的情况也日趋严重。为了增强树种对未来极端天气及环境的适应能力，有必要从现在加强对树种抗风性的研究，并通过对当地风环境的研究和趋势分析，为不同的区域选择合适的抗风树种。

树种的抗风能力受到内因和外因等多重因素的综合影响，从国内外的研究结果来看，树种的抗风性能一般受形态、生理、根系、生物力学及木材物理力

学性质等方面的制约。风倒及风折等风害现象的最终发生更与土壤、树木种植养护等有密切关系，目前对树种抗风能力的研究也是基于各自的学科背景从不同的角度展开，存在以下问题：

1）学科之间缺少协作

树木抗风性原本就涉及两个复杂的本体，树木、大风，两者都是有着自己的特性和动态变化的个体。目前的研究多是各个学科基于自己的立足点从某一角度深入，而缺少学科间的通力合作。应该充分发挥风景园林作为一门综合性学科的特点，综合运用各学科的知识，掌握园林树木对这些极端灾害的应对能力，为不同大风环境区域选取合适的树种。在极端天气发生之前，及早拟定应对措施，降低其带来的损失，减轻其可能对生态系统稳定性带来的破坏。

2）对树木群体抗风能力研究多，却忽视树木单体的抗风能力

目前对于防风树种的研究多是从森林群体方面研究，以降低风害带来的经济效益的损失，或从防风林的配置等角度去增强整体的防风能力，并没有从单纯单体树木的角度，基于试验去选择本质上有抗风能力的树种或对某一生长状态下树木的抗风性进行评定。这也是因为以前的研究大多由林学研究人员展开，考虑的是大片森林树木的抗风性及其带来的经济效益，但这种研究对于评估城市中的树木抗风性却并不适用。

3）定性分析多于定量研究

不论是研究沿海城市行道树抗风能力或是森林、苗圃等群体树木的抗风能力，大多都是基于台风灾害后对于树木受害率的调研及分析，对于同种树木的群体，受害率能直接反映树木的综合抗风能力，也能从树木种植地的立地条件

和灾后对树木的生长性状进行一定的分析，但数据的准确性和可重复性却值得考量。尤其是对于城市树木而言，直接发生风倒或风折的树木毕竟是少数，因此会采取主观评定树木受害情况的方法，选取一定的指标因子，对树木受害程度及抗风能力进行打分和分级，这种方法有一定可取度但也会降低研究的准确性和可重复性。

本项目总结归纳了上海气候变化的现状与趋势，近几年来上海的风环境变化情况及树木抗风能力研究的现状与存在的问题。围绕国内外和树木抗风性相关的研究理论和方法，对树木抗风能力评定的相关体系进行总结，为后续的试验及数据分析提供参考。通过文献阅读、资料统计、实地试验分析、数学建模定量分析，得到和树木抗风能力相关的因子，用于构建抗风评价体系，针对特定的区域及风环境进行定量分析。最后对 2015 年 7 月 "灿鸿" 台风之后上海海湾森林公园受害树种情况进行调研，进一步分析影响树木抗风能力的因素。此外，通过对上海市大风数据的分析，对未来上海市各区域的树种选择和规划提出建议。

项目成果

迄今，研究发表：期刊论文 7 篇，学位论文 1 篇。

城市高密度地区绿色碳汇效能优化关键技术研究

王敏

项目概况

课题时间：2012 年—2015 年（结题）

课题来源：国家科技部"十二五"科技支撑计划"城镇群高密度空间效能优化关键技术研究"（2012BAJ15B03）子课题 3"城镇群高密度地区绿地生态效能优化关键技术研究"

课题成员：王敏副教授、石乔莎硕士生、宋岩博士生

课题研究内容

城市绿地作为城市范围内唯一直接增汇、间接减排的要素，如何利用有限的空间资源更大地发挥绿色碳汇效能，是城市高密度地区绿地生态效能优化技术领域亟待解决的重点和难点研究问题。本研究旨在①分析城市绿色碳汇效能的影响因素，探讨城市绿地特征与绿色碳汇效能的相关性；②尝试构建城市绿色碳汇效能评价体系并进行中微观层面的具体应用研究和实证验证，多维度客观揭示城市高密度地区绿色碳汇发展特征和效能水平；③提出城市绿色碳汇效能优化关键技术和设计导则。

课题研究成果

1. 城市绿色碳汇效能影响因素与规划导控要点

研究从植被碳汇、土壤碳汇、水体碳汇三个方面分析城市绿色碳汇效能的影

响因素，并进一步从绿地三维生态特征和绿地使用维护特征两个角度探讨城市绿地特征与绿色碳汇效能的相关性，梳理出对于城市绿色碳汇效能起到决定作用或者产生较大影响的关键性绿地特征指标，形成规划导控要点。其中，影响城市绿色碳汇效能的绿地三维生态特征包括绿地面积、植物组成结构、竖向层次结构、植物数量和规格、绿化三维体积、叶面积指数、郁闭度等；影响城市绿色碳汇效能的绿地使用维护特征包括绿地主导功能、绿地稳定性、绿地小气候、绿化养护管理等。

2. 绿色碳汇效能评价指标体系构建

评价指标体系构建以反映城市高密度地区高空间密度、高人口密度和高用地强度的特征为基础，体现城市该类地区的绿地发展状况并考虑与现有的城市绿地评价考核和规划管理相衔接，并遵循评价指标的整体性、动态性、可操作性、具代表性四大原则。研究提出从 5 个方面进行绿色碳汇效能的衡量：①从绿色碳汇中和城市碳排放能力的角度，提出绿色碳汇效能指数（Green Carbon Sequestration Efficiency，简称 GCSE）；②针对高空间密度特征，从绿色生态空间高效配置的角度，提出绿色碳汇毛密度（Green Carbon Sequestration Density，简称 GCSD）；③针对绿地发展特征，从绿化用地植被优化的角度，提出绿色碳汇净密度（Net Green Carbon Sequestration Density，简称 NGCSD）；④针对高人口密度特征，提出人均绿色碳汇指标（Per Capita Green Carbon Sequestration Index，简称 PCGCSI）；⑤针对绿地维护特征，面向低碳城市发展、低成本景观营造，提出绿色碳汇经济指标（Green Carbon Sequestration Economic Index，简称 GCSEI）。

在评价体系框架基础上，课题选择上海市黄浦区作为城市高密度地区典型研究样本，以城市公共空间的 13 个城市公园（包括综合公园（G11）和社区公园（G12））、760 个街旁绿地（G15，含微型绿地）以及附属于 184 条城市道路（678 条道路分段）的道路绿地（G46）为具体评价对象，进一步完善评价过程中关键数据获取和评价指标计算的可操作性和典型性，并通过实证应用检验各项指标的典型性、特征性和灵敏度，进一步增强分析测算方法的适用性，为关键性技术研究提供量化基础支撑。

3. 绿色碳汇效能优化关键技术与设计导则

研究提出城市高密度地区绿色碳汇效能优化 5 大关键技术和相应的设计导则，包括：①三维绿量扩容技术；②植物种类优选技术；③群落结构改善技术；④场地小气候营造技术；⑤绿地适度养护技术。

迄今，研究发表风景园林学科核心期刊论文 2 篇，硕士学位论文 1 篇。

城市文化景观保护研究

戴代新

戴代新

项目概况

课题时间：2014 年—2016 年（结题）

课题来源：上海公园事务管理中心，结题《上海历史名园专题研究》《上海公园历史文化遗存研究》

课题成员：刘颂教授、董楠楠副教授；硕士生：袁满、金雅萍

研究内容

1. 上海历史名园专题研究

城市历史园林作为重要历史遗产，其价值认知、评价是制定保护措施的前提。结合上海市历史名园保护研究，基于价值为中心的保护理论，比较、分析了国际现行文化遗产价值评价标准，提出三层次的登录标准制定框架：首先以时间划分历史园林类型；其次依据园林历史文脉，通过设定具体可操作的评价因子，确定园林遗产价值，提出科学合理的登录评价标准；最后通过价值分类对上海历史园林遗产价值进行梳理，为后续的保护措施制定提供依据。本项目的研究成果提出了上海历史名园的清单，并被上海公园分类标准采用。

2. 上海公园数据库构建示范项目（1.0—2.0）

档案资料对遗产保护非常重要，但又恰是易被忽视的方面。继 2014 年完成的《上海公园基础数据库建设示范性研究》之后，2015—2016 年间，团队又进行了《上海公园历史文化遗存研究》《上海历史公园数据库构建研究》两个课题，并顺利结题。明确公园历史文化遗存的概念和定义，全面收集关

于上海 9 座近代历史公园的历史文献与图档资料，包括物质文化遗存的相关历史文献、历史图档与影像收集以及造园风格历史变迁的图文影像等。构建历史文化遗存信息框架，并根据历史文化遗存信息框架对资料进行整理，初步形成"一园一表"历史文化遗存清单。在此基础上，基于 GIS 进行了数据库构建的研究，完成了系统原型，基本实现了上海 9 座近代历史公园的历史文献与图档资料的存贮、搜索和展示功能。

3. 图像资料在城市文化景观保护更新中的运用

在档案资料研究的创新表现在我们开始关注图像资料，通过图像与文本的关系对比以及城市文化景观的特征分析，指出图像资料在城市文化景观保护更新中的重要意义。依据图像的迹象性、象征性和相似性特征，将城市文化景观图像资料分为三类，指出其具体内容以及在城市文化景观研究中分别具有的作用。提出使图像资料产生有效的作用，一方面需要将图像资料系统化分类整理，另一方面在于发展一套考证、解读和运用图像的方法。基于案例研究，探讨图像资料在城市文化景观保护与更新的图像资料收集与整理、图像解读与评价、更新设计等过程等阶段的运用方法。

研究成果
已发表期刊论文 1 篇，会议论文 2 篇。

景观绩效研究进展

戴代新

项目概况
课题时间：2015 年—2017 年（在研）
课题来源：上海浦江人才计划：上海社区公园景观绩效评价研究
课题成员：骆天庆副教授、王敏副教授；硕士生：张越、袁满

研究内容

1. 景观绩效评价的引介
景观绩效评价是美国风景园林基金会 2010 年正式启动的研究计划，简单介绍了景观绩效评价的研究背景、基本概念、研究意义和理论基础；详细介绍了案例研究方法在景观绩效评价中的运用及研究内容和进展；对具体的评价方法和计算工具进行了介绍；结合黎明（Daybreak）社区的景观评价，在讨论的基础上总结了对我国可持续风景园林研究的启示。

2. 可持续风景园林案例研究
可持续风景园林实践是一个整体的过程，根据美国可持续场地行动计划的案例研究项目和认证项目，选择了 5 个可持续风景园林设计案例，详细介绍了项目现状问题、规划目标、方法措施和经验教训，并进行了对比总结；阐述了可持续风景园林设计的主要方法和技术手段，以及在城市开放空间设计、棕地改造和文化景观保护等方面的实践经验。

3. 棕地再生机制案例研究

棕地再生过程中，国家与各级政府采用的机制起到非常关键的作用。对德国
北莱茵-威斯特法伦州棕地再生的发展进行了简介；结合德国土地和法规制
度，介绍了棕地再生的原则，融资渠道以及多角色参与的经验；通过案例研究，
详细介绍该州的棕地再生机制，并对生过程中遇到的问题与对策进行论述，
以期为我国棕地再生研究提供有益的经验。

研究成果

目前已发表期刊论文 2 篇，会议论文 1 篇。

乡土文化传承与现代乡村旅游发展耦合机制研究
——以皖南乡村为例

张琳

项目概况

起止日期：2015 年 1 月—2017 年 12 月

项目来源：国家自然科学基金项目青年基金项目（51408431）

项目负责人：张琳

项目主要参与人员：张琳讲师；刘滨谊教授；黄松副教授；汪洁琼讲师；博士生：王南、余露

研究结果

研究内容包括三个部分，一是从乡村旅游活动的角度研究乡土文化，通过对乡村人居活动与乡土文化之间相互关系和演变规律的分析，建立"乡土文化—行为活动"对应关系的分类图表和乡土文化特征价值定量化评价的指标体系，探讨如何将乡村旅游活动与村民行为活动相融合，实现乡土文化的文化自觉和有机传承；二是从乡土文化的角度研究乡村旅游，通过对乡村旅游产业与乡村人居活动之间作用途径和影响效果的分析，构建乡土文化特征价值与乡村旅游开发模式之间耦合关系的 SEM 模型；三是在上述对乡土文化与乡村旅游耦合关系分析的基础上，从乡村旅游空间规划、乡村旅游活动策划、乡村旅游开发建设三个层面，提出二者相互促进、良性互动、有机耦合的干预模式。

1）从人居活动的角度提出了乡土文化传承和乡村旅游发展的耦合机制。基于我国新型城镇化转型发展的战略要求，从人居环境学的研究视角，以乡村人居活动为切入点，提出乡土文化传承与乡村旅游发展相互耦合的内在机制，将乡村旅游活动与乡村传统的生产生活方式有机融合，通过"人脉"的延续，实现乡土文化的"形存神传"和乡村旅游的转型升级。

2）建立了乡土文化特征价值与乡村旅游开发模式之间耦合关系的 SEM 模型。课题定性判断与定量评价相结合，通过对乡土文化特征价值的定量化评价和对乡村旅游开发模式适宜性的调研测度，建立二者耦合关系的 SEM 模型，将二者之间多维的、模糊的关系定量化，提高旅游规划开发的科学性。

3）创新性提出了乡村旅游资源资本化的开发模式。提出乡村旅游资源资本化是实现乡土文化传承与现代乡村旅游耦合发展的有效干预模式之一，依托农村经营性建设用地流转的土地改革政策，将乡村旅游资源作为一种资本形态投入到旅游开发活动中，在三权分离的产权体制下，实现旅游资源经营权的资本运营，提出了其实现途径及乡村旅游资源经营权价值货币化评价的模型，以旅游资源的价值性为依据、切实保障乡村居民在旅游开发中的经济收益。

项目成果
迄今，研究发表：期刊论文 4 篇，会议论文 2 篇，合作指导硕士学位论文 2 篇。

基于环境实景感知实证模型的景观视觉规划设计方法研究

陈筝

项目概况

起止日期：2015 年 1 月至今

项目来源：在研国家自然科学基金青年项目（51408429）

项目负责人：陈筝

项目主要参与人员：刘颂、董楠楠、Sebastian Schulz、何蓓

研究结果

从城市设计的角度，如何能够在环境体验中，通过简单的测量采集人实时感受并通过环境情感地图分析（affective mapping）的方式，将附带地理信息的环境体验数据重现出来，对于准确识别特定人群的城市兴趣点和负面压力源等具有重要作用。

项目成果

迄今，研究发表：期刊论文 4 篇（含 SCI1 篇），会议论文 3 篇，国际会议报告 6 次。

环境综合感受信息脑波采集及分析技术

陈筝

项目概况

起止日期：2013 年 9 月—2015 年 9 月

项目来源：结题浦江人才（14PJC099）

项目负责人：陈筝

项目主要参与人员：刘颂、Jon Bryant Burley、刘蕾、何蓓、赵婧达

研究结果

借助便携式脑电仪，课题组尝试对于建成环境于自然环境对人认知能力和脑活动的影响做深入分析。课题组在实验中测量了人的主观感受，短期工作记忆，并同时测量了偏侧化、暴露前后的脑电反应。同时与复旦计算神经生物实验室合作，对脑电的网络特征，如小世界特征、无尺度网络特征等进行了深入分析。初步研究结果发现，人脑在感受自然环境时脑功能链接呈现更好的小世界特征，较建成环境而言具有更高的团簇系数。同时脑网络呈现出明显无尺度网络的幂率分布特征，并呈现出不同的斜率分布，而这种网络特性可能和脑网络的计算效率有关。

项目成果

迄今，研究发表：期刊论文 5 篇（含 SCI1 篇），会议论文 3 篇，国际会议报告 6 次。

城市开放空间设计特征定量研究

翟羽佳

项目概况

起止日期：2016 年 1 月—2018 年 12 月

项目来源：同济大学 2015 年青年优秀人才计划 (0100219171)

项目负责人：翟宇佳

项目主要参与人：Perver Baran

研究内容

1）基于空间句法理论的城市公园空间组织分析与设计管理应用——凸边形地图分析方法初探

城市公园空间组织极大地影响游憩活动开展与游憩体验，是公园规划设计的核心内容。现有研究多在局部层面与定性层面讨论公园的空间组织特征，缺少全局层面与定量层面的思考。基于空间句法理论的凸边形分析方法，提出定量测量城市公园空间组织特征的方法，并根据实例分析，探讨了相应的设计与管理建议（图 1）。首先，针对城市公园空间组织关系，明确相关指标的意义与应用；第二，基于凸边形分析地图，抽象公园的空间组成，提出测量城市公园空间组织特征的方法；第三，根据上述方法，测算两座公园的空间组织特征，提出相应建议。

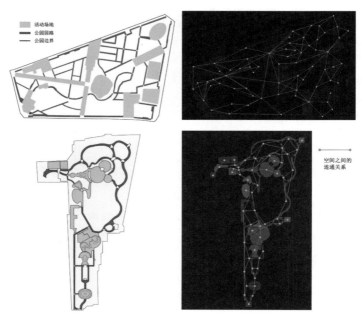

图4. 徐家汇公园与人定湖公园的空间组成（左）与连接关系（右）   资料来源：作者自绘

图1. 公园空间的拓扑关系

2）城市设计品质量化模型综述

解析与测量城市设计品质是定量理解城市环境，进行相关实证研究的基础。综述了多种被广泛应用的城市设计品质量化解析模型，并剖析了这些模型涵盖的维度与指标项，应用尺度与领域，以期为模型的进一步深化与应用提供指引。这些模型包括建成环境的"3D"模型，建成环境五维模型，城市设计品质量化模型，城市形态理论，空间网络分析理论，空间句法理论及分形理论。上述城市设计品质模型涵盖多个维度，主要包括社会经济指标与物质空间指标。物质空间指标又可分为空间特征指标与局部设计要素指标。这些模型能

表 1. 城市设计品质量化解析模型涉及的维度与指标项

		建成环境的"3D"模型	建成环境五维模型	城市设计品质量化模型	城市形态	空间网络分析模型	空间句法理论	分形理论
社会经济指标		密度,人口密度,就业岗位密度,用地多样性,用地异质性,竖向多样性,各类用地比例,活动中心指数	密度,人口密度,工作岗位密度,用地混合度,商业网点与住户之间的距离,相邻的不同用地类型的单位用地数目		建筑功能指标 建筑修建年代			
物质空间指标	空间特征 单一空间的特征	设计,街道主导形态(网格曲线等),地块长度,人行道宽度与坡度	街道尺度,沿街建筑高与街道宽比例,建筑的平均退界距离,街道连接度,单位道路长度所含交叉口数目,平均地块长度	围合度 人性尺度	地块密度街区尺度建筑平行度建筑高度与街道宽度比			
	多空间的组织关系				街道可达性	节点度聚类系数特征路径度介数模块度	深度连接度控制度整合度	维度
	局部设计特征		美观度,沿街建筑设计,行道树以及其它绿化,座椅与路灯设施	丰富度 透明度 特征感				

表 2. 老年人喜爱的园路设计特征

		人定湖公园	月坛公园
物理属性	平坦的铺地	10（40.0%）	3（14.3%）
	更多的座椅设施	7（28.0%）	12（57.1%）
	没高差或台阶	6（24.0%）	——
周围环境	有鲜花	12（48.0%）	17（81.0%）
	有茂盛树木	3（12.0%）	4（19.0%）
	有湖面或水池	19（76.0%）	4（19.0%）
	有地标性构筑物	2（8.0%）	0（0.0%）
	有树荫	10（40.0%）	8（38.1%）
连接关系	环形园路	0.0（0.0%）	4（19.0%）

在从地块到区域等多个尺度上应用，并已应用到环境体验与感知、使用者行为、城市形态演变、城市生态、旅游景点空间分布等多个领域。最后，本文分析了上述模型的局限性及在大数据视角下的应用。

3）促进老年人散步行为的城市公园设计特征研究——基于内容分析法初探
对老年人来说，散步是最为便捷、流行与重要的运动方式，能带来许多健康益处。通过为散步提供良好的设施与环境，城市公园可以促进老年人的散步行为，从而提升其健康状况与生活质量。基于现场访谈与内容分析法，本文探索了老年人在公园中散步的体验，及什么样的公园设计特征能鼓励老年人的散步行为。研究发现老年使用者认为在公园中散步可以带来四大方面的益处：①身体健康益处；②社交益处；③心理健康益处；④安全与其他益处。

影响老年人散步行为的公园设计特征可归纳为三方面，包括园路的物理属性，园路的周围环境及园路的连接关系。根据分析结果，本文提出在公园规划设计中，应重视散步等体力活动，建设促进健康的公园环境。具体策略包括：
①增加自然要素与特色自然景观空间，包括开阔水面、林荫路、密植树林、广场与园路相结合的布局；②设置平坦的、有座椅设施的环形园路；③提供有距离标识的与活动广场有视线互动的园路／跑道。

论文发表

[1]Zhai, Y., &Baran, P. K. (2016). Do configurational attributes matter in context of urban parks? Park pathway configurational attributes and senior walking. Landscape and Urban Planning, 148：188-202.

[2] 翟宇佳. 基于空间句法理论的城市公园空间组织分析与设计管理应用——凸边形地图分析方法初探 [J]. 中国园林，2016(3)：80-84.

[3] 翟宇佳，徐磊青. 城市设计品质量化模型综述 [J]. 时代建筑，2016(2)：133-139.

[4] 翟宇佳. 促进老年人散步行为的城市公园设计特征研究——基于内容分析法初探 [J]. 风景园林,2016（7）：121-128.

风景园林价值观之思辨

沈洁

项目概况

起止日期：2015 年 1 月—2016 年 12 月

项目来源：结题高密度人居环境生态与节能教育部重点实验室自主与开放课题（2015KY06）

项目负责人：沈洁

研究结果

从与园林发展紧密相关的哲学、美学、社会学、生态学、环境伦理学等多门学科的角度出发，通过对西方园林史的梳理，厘清了风景园林相关价值的嬗变历程，提出当代风景园林价值观体系应当包括：美学维度下的美与艺术价值观、人本维度下的社会价值观、人和自然维度下的生态价值观和新自然观视野下的文化价值观 4 个方面。

取得了以下研究成果：

1) 系统的梳理了风景园林核心价值的演变历程。从古代时期对美与艺术的推崇，到近代自由民主召唤下社会关怀的产生，再到环境危机背景下对生态价值的关注，直至今日，全球化趋势下呼唤地域文化的回归，园林从诞生至今，在价值取向上经历了美与艺术—社会—生态—文化价值的演变与发展。它们之间不是后者取代前者，而是一个相互叠加的过程。

2) 比较了中西方历史园林价值本源的差异以及二者的汇通之处。

3) 构建了一套当代语境下的普适的价值观体系，对当前风景园林的实践探索有一定的指导意义。

项目成果
迄今，研究发表：期刊论文 2 篇。

遗产景观"适境性"数据库设计与实现

杨晨

项目概况

课题名称：高密度人居环境绿色基础设施生态化设计（子课题：绿色基础设施中的遗产景观数据库研究）

起止日期：2015 年 1 月—2016 年 12 月

课题来源：同济大学人居环境生态与节能联合研究中心 TJAD 重点项目资助基金项目（2015KY06）

项目总负责：刘滨谊

分项课题负责：杨晨

课题研究内容

在全球范围内，景观环境正在发生不同程度的变化，其中大量破坏性的改变导致景观重要历史信息的消失，文化传统的连续性受到威胁。因此，创新性的遗产景观档案研究和实践已经成为全球文化遗产领域的重要议题。地理信息科学及其相关技术为文化遗产档案管理方法带来巨大革新。许多国家已相继建立国家层面的地理信息系统，并为具有全球价值或国家级的遗产景观建立了遗产档案。然而，国家级的数据库平台由于其时空维度上的概括性，无法直接应用于各个地区小尺度遗产景观的保护和管理。对于这些遗产景观来说，其保护和管理仍旧基于纸质地图和地方管理者的经验，不同类型的遗产信息往往掌握在不同主管部门手中，信息的破碎化已经成为有效保护管理的

图 1. 圣·海伦娜国家公园历史景观现状（作者摄）

障碍。同时，遗产信息、专业人才以及技术资源的缺失，已经成为现代化遗产景观管理的重要壁垒。

基于此，本研究探索如何对遗产景观数据库进行"适境性"设计，从而满足小尺度遗产景观特色化保护和管理的需求。研究选取澳大利亚昆士兰州南部圣·海伦娜国家公园作为案例对遗产景观数据库设计和建构进行了实验性探索（图1）。研究采集了该案例的大量档案信息和现场信息，利益相关者对于该景观的解读被系统采集并进行数字化整合，从而作为遗产景观数据库设计的核心框架（图2）。研究重点识别了遗产景观保护和管理中的信息需求，设计并构建了遗产景观地理信息数据库样本，并探讨了数据库的实际应用方法。

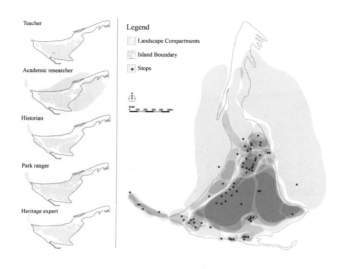

图 2. 圣·海伦娜国家公园利益相关者认知地图

研究结果

基于 GIS 技术设计的数据库是一个数字化的遗产景观要素清单，为圣·海伦娜国家公园内的历史遗存提供了"适境性"的档案说明（图 3）。该数据库针对当地管理者最为关心的历史研究、景观修复和旅游发展等议题提供综合性信息，从而辅助相关保护和管理决策。此外，数据库还能针对公园的非物质遗产价值进行图示，从而为遗产解说提供重要参考。

研究提出了"适境性"遗产景观数据库设计的四大基本原则：①更加有针对

图 3. 圣·海伦娜国家公园遗产景观 GIS 数据库用户界面

性的信息供给——服务地方保护管理体系；②以用户为核心的信息系统设计——反映利益相关者的景观认知；③更加整合性的遗产档案管理——整合多样遗产信息；④以遗产景观特征要素为表现对象——充分表达遗产价值。"适境性"模型与现有数据库设计的区别在于它将数据库建设看作一种对遗产的"再解读"，而并不只是对物质景观环境的模拟和记录。这一途径展示了"文化景观"方法论在遗产数据库设计中的巨大作用，创造了一个灵活度更高、更具地方特色的遗产景观档案信息系统。

项目成果

迄今，研究发表期刊论文 1 篇，国际会议论文 2 篇。

[1] Chen Yang. Using an 'Interpretative Model' for Contextual Design of Heritage Landscape Databases: The Case of St Helena Island National Park in Queensland, Australia [J]. Geographical Research, 2015,53（3）：321-335. Doi: 10.1111/1745-5871.12117.

[2] Chen Yang, Feng Han. A GIS-Based Approach for Heritage Landscape Assessment and Conservation, Proceedings of the 2nd Symposium of Digital Landscape Architecture [C]. Nanjing, China, 2015：47-56.

[3] Chen Yang, Gillian Lawson, Jeannie Sim. Digitisation of Scenic and Historic Interest Areas in China, Proceedings of the 25th International CIPA Symposium 2015 [C]. Taipei, Taiwan, 2015.

基于中日古典园林比较的借景理法的数字化研究

周宏俊

项目概况

课题时间：2016 年至今在研

课题来源：国家自然科学基金青年基金项目（编号 51508392)

课题成员：严国泰教授、陈筝助理教授、杜爽博士生、王晓洁硕士生

研究内容

中国古典园林是传统建筑与风景营造的精髓之一，在当代快速发展与建设造成文化缺失的大背景下，挖掘传统文化、汲取传统智慧成为重要出路。同时中国古典园林的现存实物在时代与数量方面存在明显局限性；另一方面中国古典园林研究自 20 世纪 30 年代肇始并发展至今，传统的研究手段在当代性上存在一定程度的局限性。这两个局限性使得古典园林的研究成果与当代风景园林的发展未能充分地衔接。

此外就日本园林而言，与中国古典园林以苏州古城内园林为主体的现况大不相同，现存各个时代的园林中相当一部分位于山林郊野地带，其中的一部分被归为借景园林这一类型。这提醒了研究的视野从内向空间的城市地园林转向山林郊野地带的历史园林，正如童寯先生在《江南园林志》中所言："又有所谓借景者，大抵郊野之园能之。山光云树，帆影浮图，皆可入画。"事实上在中国古典园林的发展历程中，山林郊野地带也曾存在过大量富于借景的园林。

鉴于此，本研究以位于山林郊野地带的借景园林为研究对象，结合中日比较以补偿中国园林现存实例的局限性，采用风景园林科学中的数字化技术，在历史理论研究的基础上进行景观空间与视觉的分析，一方面在造园理论上对中日借景进行剖析与比较，另一方面构建体现传统借景理念的景观视觉分析及规划方法。

本研究希冀达成以下几个目标：针对业已消失的借景园林，选取典型地带的典型对象群，建立借景园林 GIS 数据库，发掘其历史文化遗产及传统造园学层面的价值；利用数字化技术手段，定量地分析借景园林的空间与视觉特征，以及相关的相地及布局类型，检证历史理论层面的研究结果；通过比较，探析中日借景园林规划设计模式的异同及其地域性成因；通过数字化技术的应用与转译，形成面向当代风景园林实践的眺望景观的评价与优选模型及方法。简而言之，通过大量园林案例实证分析基础上的理论归纳、量化研究与园林史理论研究相互融合与检证、中日古典园林的相互参照与印证，进而将借景的传统造园智慧与数字化技术整合为面向当代应用的方法。

研究成果

迄目前主要针对日本借景园林取得如下阶段性成果。

以日本的借景园林为研究对象，在广泛文献调查的基础上全面整理借景园林的案例，分析空间及视觉层面的群体特征，并探讨所蕴含的设计理念。具体选取了 32 个典型的借景园林案例，以及其中"背山"的布局方式，基于景观视觉的分析方法，定量分析了借景意识与园林及其环境的空间特征之间的关联性。发现园林的借景意识与借景对象的视觉尺度间存在对应关系，借景园林往往基于借景对象而得以布局，并从中总结出了"小中见大"的空间及视觉特质。

在具体分析过程中，一方面应用了数字化方法，另一方面将园林的空间与视觉特征转译为量化的指标："方向性"以及"大小性指数"。"方向性"这一因子表征了借景的主动性意识的强弱，具体由借景方向、园林观赏方向、作为借景视点的建筑物的朝向这三种方向之间的关系而定，可以分为四个层级。"大小性指数"是定量地把握"小中见大"这一空间设计法的相关特征的一个概念，表征了通过小尺度空间眺望大尺度空间时的体验在空间及视觉上的对比效果。

在此基础上发现，日本典型的借景园林的空间及布局特征，体现了"小中见大"这一设计理念。通过小尺度的园林空间眺望大尺度的借景空间，而得到的大与小的空间对比效果，是日本借景园林的设计中的内含特质及理想形式。并且，园林设计中对借景的主动性意识与眺望对象的尺度之间存在较强的关联性，潜在的眺望对象的视觉感知尺度越大，园林也就越有可能是在对借景具有较强的主动性意识的情况下得以设计布局的。极有可能，多数借景园林特别是方向性较强的借景园林，园林的方向乃至整体空间布局的设计，是以借景为首要依据而得以确定的。

图 1. 拙政园与圆通寺的借景（自摄）

实 践

PRACTICE
102-205

句容市东部干线现代农业示范带发展规划（2016 年）

刘滨谊

项目基本情况

项目时间：2014—2016 年

项目地点：江苏省句容市

项目规模：93km²

项目负责人：刘滨谊

项目参与人员：刘滨谊、戴睿、张广嘉

项目编制单位：上海同济城市规划设计研究院

规划背景

句容市位于长三角沪宁发展带、宁杭发展带和沿江发展带上，是"宁镇扬"同城化的重点地区，更是南京都市圈的核心圈层城市。东部干线北起 243 省道陈武段，南至茅延线，长 16km，加上延茅线以南约 8km，总长 24km。规划道路等级为二级，宽度 10.5m，沿线穿越边城镇、白兔镇和茅山镇，目前道路已建成。东部干线对打通句容东部区域内部与周边地区的交通联络、改变沿线村镇面貌、提高区域农业生产效率具有重大意义。

句容市良好的现代农业基础为东部干线农业产业转型升级提供了良好的现状产业基础。句容市是国家商品粮基地县，粮食商品率达到 58%，为全国优质双低油菜基地县，人均油菜产量居全省第 1 位。句容市已建成稻米、葡萄、

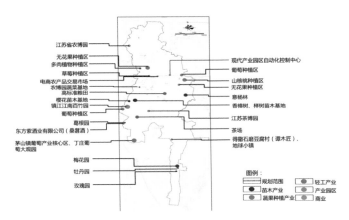

江苏省农博园
无花果种植区
多肉植物种植区
草莓种植区
电商农产品交易市场
农博园蔬菜基地
高标准粮田
樱花苗木基地
镇江江南百竹园
葡萄种植区
葛根园
东方紫酒业有限公司（桑葚酒）
茅山镇葡萄产业核心区、丁庄葡
萄大观园
梅花园
牡丹园
玫瑰园

现代产业园区自动化控制中心
葡萄种植区
山核桃种植区
无花果种植区
意杨林
香樟树、榉树苗木基地
江苏茶博园
茶场
得撒石磨豆腐村（谭木匠）、
地球小镇

图例：
规划范围   轻工产业
苗木产业   产业园区
蔬果种植产业   商业

图 1. 句容农业现状分析图

双低油菜等国家级标准化示范区。深入贯彻习近平总书记系列重要讲话精神，
贯彻落实创新、协调、绿色、开放、共享的发展理念，坚持创新驱动发展、
经济转型升级，以加快转变农业发展方式、协调城乡发展、提高农业综合生
产能力、促进现代农业建设、提高农民收入，构建更加和谐与文明的美丽乡村，
已成为农业与农村转型发展的重要方向。秉承上述理念，在我们完成的《句
容市东部干线沿线概念性规划》的基础上，本项目进行了三轮总体规划。

规划目标
通过农业产业发展规划，致力于改变句容现有农业格局，提升句容农业科技
水平，打造句容农业创意文化品牌，提高句容农业产业发展的持续性，建设
句容特色的新型的美丽乡村。

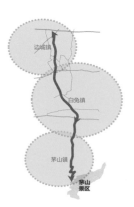

"一路带三镇，大道通茅山"

东部干线公路北起243省道陈武段，南至县道茅延线春城段，将成为通往茅山风景区的重要干线，连接边城、白兔和茅山三镇，对句容东部区域交通、生态、农业发展、社会都具有重大影响

图 2. "一路连三镇，大道通茅山"空间布局

规划内容

第三轮规划包括规划背景、总体发展战略、农业生产调整、产业融合、发展保障、开发建设等方面内容。规划通过提出的"第六农业产业链"打造，促使农业结构由农作物生产向农产品加工、流通及休闲服务业等领域交融发展，打通从农业生产、加工、流通到销售的全产业链，并通过科技投入、文创提升、打造品牌等，向农业输入先进的管理模式和理念，形成农业各个子产业之间、农业与服务业之间、农业与综合产业之间等相互渗透融合的新业态。

规划以农业产业发展规划为重点，以构建东部干线区域现代农业产业体系为主线，通过产业生态化、融合化、集群化的综合发展，形成循环经济可持续发展模式。营造"一带、两心、三片区、多点联动"产业发展空间格局，带心区之间以东部干线农产景观带为联结，形成产业集群。规划重点：高标准示范农田、生态高效农业基地、农业科技创新示范园区、农产品加工物流园区、

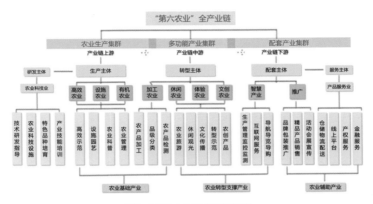

图 3. "第六农业"全产业链构建

现代休闲体验农业园区、新型农村社区和农村基础设施建设。

规划创新

规划始终以刘滨谊创立的乡村人居环境三元论（人居环境背景、人居活动和人居建设）为指导，运用所提出的旅游规划"AVC 三力理论"——吸引力 (attraction)、生命力 (validity) 和承载力 (capacity)，对句容市东部干线及周边村镇现状与规划方案进行分析评价与研究。规划重点探索提出了一条农业产业转型的路径，为中国美丽乡村的建设提供了一定的借鉴。对于句容农业产业的转型，我们提出了"第六农业产业链"的发展思路，借以疏通农业生产、加工、流通、销售、休闲等农业全产业的多个环节。进一步，通过农业与旅游产业、农业与文创产业以及农业与科技产业的融合互动，形成句容农业产业转型的长效运营机制，从而实现句容农业产业的深度转型升级。

图 4. 农业产业旅游项目分布图

武当山风景名胜区总体规划（修编）（2012-2025）项目介绍

韩锋

项目基本情况

项目委托单位：武当山风景名胜区管理局

项目完成单位：上海同济城市规划设计研究院

项目起讫时间：2004 年 3 月—2012 年 11 月

项目负责人：韩锋

主要完成人员：姚昆遗、杨学军、韩波、林源祥、杨德源、李发平、吴先锋、李晓黎、陈朝霞、卞欣毅、马子嘉、吴晓晖

获奖信息：2015 年度全国优秀城乡规划设计一等奖；

2015 年度上海市优秀城乡规划设计一等奖

项目概况

武当山位于湖北省境内，史称"天下第一仙山"，位列"五岳之冠"，是我国著名的道教圣地。武当山现存中国最完整、规模最大、等级最高的明代道教建筑群，具有全球突出普遍价值。武当山 1982 年被列为我国第一批国家重点风景名胜区，1994 年武当山古建筑群登录联合国教科文组织《世界文化遗产名录》。本规划对 1986 年编制、1991 年国务院批复的《武当山风景名胜区总体规划》进行修编，规划面积为 312km^2。

项目背景

武当山知名度高，国内国际影响广泛，作为国家级风景名胜区与世界遗产，其规划是风景名胜区规划中级别最高的一类。本项目编制时，武当山风景名胜区经济发展停滞，管理体制动荡，社会矛盾突出，自然环境退化严重，古建筑遗产保护危在旦夕，国内国际社会高度关注。项目难度大，挑战性强。国家主管部门要求一切以国家风景遗产资源抢救性保护为重，并要求高质量、有创新，实现国际理论本土化，推动中国风景名胜区规划和保护的创新发展。规划评审跨部门，评审严格，周期长。自 2004 年始，经专家评审、部际联审、部务会审查等严格程序，修订成稿，于 2013 年 5 月获国务院批复。10 年整，见证了项目组老、中、青三代对中国风景遗产保护事业的智慧、热情、责任和无私奉献。

规划思路及内容

规划以古建筑群世界遗产保护、风景资源的全面保护与利用以及社会经济的协同发展为规划三大联动核心目标，严格执行科学规划程序。首先，规划强调理论研究，确立理论高度，以国际化视角选择适合中国风景名胜区的文化景观方法论为指导，整合文化与自然、物质与非物质、历史与未来的动态进程，突显中国特色，接轨国际。其次，规划建立了国际化多学科的研究队伍，建立相关多学科强大国内外专家库，全面研究整合风景遗产资源；再次，规划进行了科学、系统的基础资料调查与评析，突出现场、文献及科学分析，加强公众参与，确保分析诊断的真实性、有效性和科学性，从而摸清家底，找出病症。在此基础上，鉴别武当山保护与发展的重大议题、确立总体对策，做到对症下药，确立了风景名胜区的性质、结构、布局等重大议题的部署及对策，并制定了多个专项规划和分项实施计划，落实风景保护与利用，从而确保风景名胜区持续发展（图1）。

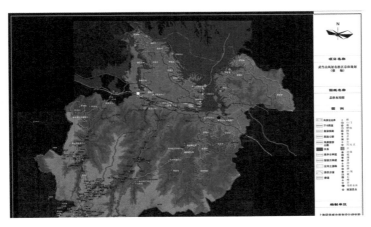

图1. 武当山风景名胜区总体布局图

规划特色及创新

1）风景区规划文化景观理论的创新与实践：本规划是国际前沿文化景观理论首次与中国本土实践相结合的创新实践，规划方案传承民族精粹，突显中国风景智慧，是国际文化景观前沿的中国创新项目，引领了中国近年来风景名胜区文化景观保护的战略性探索。

2）现状调查扎实，科学分析准确，资源评价创新：规划对自然、人文、社会资源进行全面调查、公众参与、科学分析。其中资源评价创新采用的"单元分割法"，为规划多重目标、多线合一管理提供扎实的决策依据。

3）创新性设立管理分区：本规划针对中国风景名胜区多种分区体系导致同一地区管理导向不一、边界不一、不能全面覆盖等弊病，创新性增设管理分区，统筹保护与利用，解决了多线合一的重大管理难题，为管理者提供了简单、清晰、有效的现地管理目标和措施。

4）规划体系完整，逻辑性强：规划具有高度的理论性、系统性、逻辑性、层次性和整体性。调查、分析、对策、措施、实施五位一体，环环紧扣、思路清晰、目标明确、依据确凿，针对性强。

规划实施状况

本规划可操作性、指导性强，实施社会效益显著。在 2004 年至 2015 年规划及其实施期间，武当山特区政府（武当山风景名胜区管理局）不断深入理解规划思想、遗产保护理念，与规划组一起探索发展思路，调整发展策略和方向，落实世界遗产保护承诺。至 2015 年，全区联动发展，已按规划完成了结构性和功能性的调整，现了突飞猛进的跳跃式发展，风景遗产保护与发展卓有成效，风景名胜区面貌焕然一新。 全区财政收入增长 17 倍，招商引资 100 亿元，遗产保护和发展投入增长近 50 倍，人均收入增长 5 倍，旅游收入增长 15 倍，成绩显著。武当山特区政府高度评价本规划是"对武当山历史自然文化遗产保护高度负责，为武当社会持续发展、为武当人民谋福利的一项优秀的风景名胜区总体规划"。

美丽乡村
——连州市省级新农村连片示范区规划

金云峰

项目基本情况

项目时间：2015 年 6 月—2016 年 3 月

地点：广东省连州市

项目负责人：金云峰教授

主要设计人员：李京生、周晓霞、刘佳微、范炜、马唯为、姚吉昕、顾丹叶、杨玉鹏、陈希萌、高一凡、李涛、杜伊

规划奖项：获第十二届同济大学建筑设计院（集团）有限公司建筑创作奖

规划背景

连州市新农村示范区是省级示范区之一，涉及五个主体建设行政村，跨越"西岸、东陂、丰阳"三个镇。示范区是连州市古村落遗存的代表。项目基于"整体连片"思维与资源整合。规划工作层次包括：整体连片规划，村域规划，村庄规划，重点地段整治提升设计。

规划内容

规划思想基于地域文脉传承进行特色功能定位，基于旅游导向进行特色产业引导，重视乡村基础设施提升和综合环境整治，多途径激活乡村历史文化空间。以文化传承为基础进行乡村旅游，从"名村"到"辐射村"的示范性村庄建设引导。

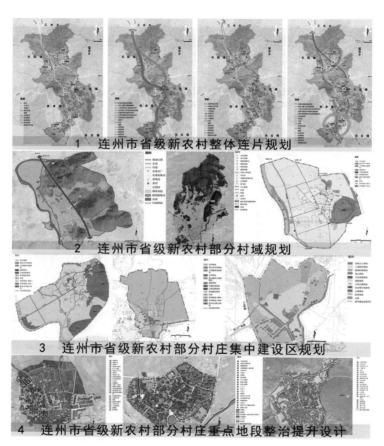

1   连州市省级新农村整体连片规划

2   连州市省级新农村部分村域规划

3   连州市省级新农村部分村庄集中建设区规划

4   连州市省级新农村部分村庄重点地段整治提升设计

图1. 连州市省级新农村连片示范区整体连片、村域、村庄、重点地段规划设计

图2. 重要节点设计及部分整治效果图

1. 整体连片规划

基于"整体连片"思维的规划研究范围拓展，广泛进行资源整合。不局限于给定的规划范围，扩大规划研究范围，突破镇级行政单位的约束，站在区域的视角，统一规划，强调基础设施的共建共享，强调新农村建设的"整体连片"性。

探索新农村连片发展的新路径，为人文历史型新农村建设提供示范，为下一层面乡村建设提供指导。规划提出的成片连线、整体打造、带动全局的新农村建设方式，以地域文化挖掘为亮点，为人文历史型新农村建设提供了示范作用。

2. 村域规划

基于地域文脉传承的特色功能定位。站在村域研究的视角，以重拾乡村的核心价值为重点，挖掘村庄发展动力，重视乡村历史文脉，提炼乡村特色，寻求各村庄的差异化建设途径。

基于旅游导向的特色产业引导。推进农村一二三产业融合发展，延长农业产业链，提高农业附加值。在水稻等常规农业种植的基础上，结合各主体村的基础条件，发展特色农产品种植，打造"一村一品"。同时，特色种植也作为乡村旅游的特色旅游产品。

3. 村庄规划

从"名村"到"辐射村"的示范性村庄建设引导。以五个主体村的建设控制为重点，深入研究五个主体村的特色，强调五个主体村的差异化建设方向和建设控制要求，并对其他村庄形成示范作用。通过"名村带动，示范村联动，辐射村跟动"，以点带片，扩大新农村建设的受益面，探索新农村连片发展的新路径，带动连州新农村建设迈入新阶段。

重视乡村基础设施提升和综合环境整治。提出村庄建设分类引导要求，突出"示范性"和"可实施性"。

4. 重点地段整治提升设计

多途径的激活乡村历史文化空间。通过新农村建设中的公共空间打造，将新型公共空间与村落传统的文化空间相叠合，通过村民日常的公共活动唤醒传统文化空间的活力，传导具有凝聚力的新型农村社区精神。同时这些公共空间也为乡村旅游提供服务支持。

以文化传承为基础的乡村旅游。将乡村旅游业发展与现代农业、古村落保护相结合起来，培育一批影响力大、带动作用强的乡村旅游示范点。同时，各主体村以资源为基础，策划特色旅游活动、旅游商品，强调差异化的"特色旅游"。

规划创新
广泛的资源整合。多层面建设引导。多途径的空间复兴。多方位的示范引导。

全域旅游
——仙游县旅游发展规划

金云峰

项目基本情况

项目时间：2015 年 8 月—2016 年 4 月

地点：福建省莆田市

项目负责人：金云峰教授

项目奖项：获首批国家全域旅游示范区创建单位

规划背景

仙游地处福建省沿海中部，湄洲湾南北岸结合部，木兰溪中、上游，隶属于莆田市。2016 年 2 月，进入国家旅游局公布首批创建"国家全域旅游示范区"名单。

规划内容

全域旅游示范区的创建，要求仙游县全面推进品牌创建，加快推进城乡风貌景观化、项目建设精品化、产业发展融合化、配套设施人性化、服务体系标准话、旅游管理一体化进程，不断完善旅游配套服务设施建设，积极培育旅游新型业态，加强旅游市场营销，逐步实现从景区旅游向全域旅游的转变。

1. 全域化的景区创建

一方面整合区域内散布的景点，点线串联，注重旅游线路沿线的城镇界面的景观化建设，让游客感受到实实在在的全域景区。另一方面，旅游开发与城镇建设相结合，旅游不局限于原有的景点、景区资源，而是将旅游拓展到街区、社区、乡村等，实现全域化大景区构建。

2. 全域化的旅游空间拓展

在游览空间上，强调旅游景观的立体化、全景化打造。在游览时间上，强调全时化体验，在四季可游的基础上，拉长夜间休闲旅游产业，丰富夜间旅游产品，变"8 小时经济"为"24 小时经济"。

3. 全域化的旅游产品创新

创新旅游产品，加快特色提炼，在创建精品、旅游品牌上下功夫。构建新的旅游发展载体，推进旅游小镇、旅游风景道、旅游绿道、旅游度假区、旅游产业集聚区、特色旅游基地、研学旅游基地、养老旅游基地等新兴旅游业态和产品建设。大力培育和扶持以休闲农业、乡村度假、古村落、特色民宿为代表的乡村旅游新业态，推进特色旅游目的地建设。

4. 全域化的产旅融合

包括旅游业与特色现代农业融合、旅游业与生态林业融合、旅游业与工业融合、旅游业与文化产业融合、旅游业与互联网产业融合。构建全域智慧城市体系，开展智慧旅游工程，构建包括公众信息服务平台、数字互动营销平台、数字景区等在内的旅游信息化系统，实现旅游公共服务、旅游管理、旅游营销的智慧化转变。

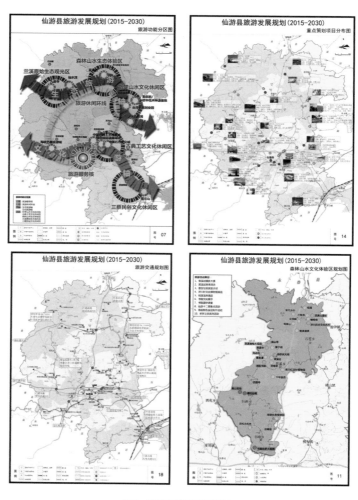

图 1. 仙游县旅游发展规划

规划创新

1）品牌拉动，打造"工艺""祈梦""生态"三张旅游名片。以"工艺仙游"为品牌，利用仙游仙作工艺资源，注重工艺产品向旅游商品的适度转换。以"祈梦仙游"为品牌，发展"大九鲤祈梦"，将宗教文化与山水文化融合。

2）合力打造"九仙"旅游产品品牌，即仙梦（祈梦文化）、仙作（古典家具）、仙汤（温泉养生）、仙水（九鲤湖）、仙画（国画、油画）、仙技（六编六雕）、仙果（特色水果）、仙境（美丽秀丽的自然风光、生态环境）、仙溪（木兰溪等滨水风光）。

主题旅游——上海市嘉北郊野公园一期旅游项目策划方案

金云峰

项目基本情况

项目时间：2015 年 4 月—2015 年 6 月

地点：上海市嘉定区

项目负责人：金云峰教授

规划背景

嘉北郊野公园位于嘉定区外冈镇，是上海成陆较早的地区。自春秋战国时期已有居民，孕育了灿烂的冈身文化。

规划内容

项目通过系列概念策划，从游憩项目策划、功能布局策划、商业模式策划、旅游配套地产策划给出综合性的具体指导。将嘉北郊野公园定位为长三角地区郊野公园亲子游、敬老游的开创性品牌，上海西郊周末游的高性价比首选目的地，嘉定"家—传承"人文主题旅游线路的核心节点。

规划创新

感受 780 年的沉淀，感受更古老的嘉定。

基地资源与现状 资源与现状分析思路

　　通过对基地价值要素的提取（田、水、林、土壤、野生动物、道路、村落、市政设施及历史人文），进行基地自然条件分析、基地人文历史分析以及环境敏感度分析，并进一步进行环境开发适宜性分析，以实际考察与 GIS 分析相结合、区域整体和基地分析相结合、定性和定量分析相结合为方法，得出场地环境承载力分析图以及景观类型分布图，从而指导结合场地特征的旅游项目策划。

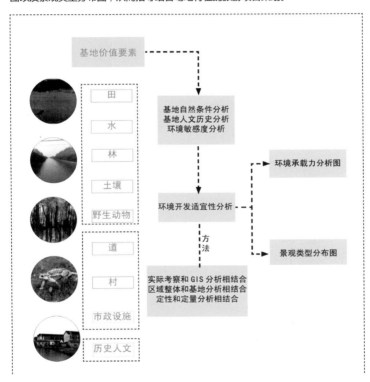

图 1. 基地资源与现状

游憩项目策划方向 节庆活动策划

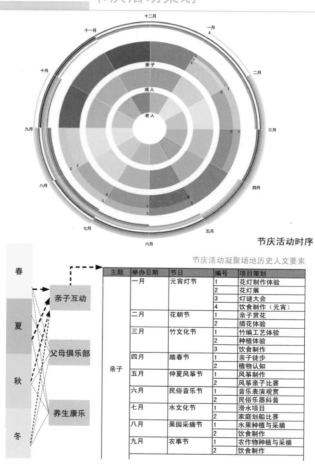

节庆活动时序

节庆活动凝聚场地历史人文要素

主题	举办日期	节日	编号	项目策划
亲子	一月	元宵灯节	1	花灯制作体验
			2	花灯展
			3	灯谜大会
			4	饮食制作（元宵）
	二月	花朝节	1	亲子赏花
			2	插花体验
	三月	竹文化节	1	竹编工艺体验
			2	种植体验
			3	饮食制作
	四月	踏春节	1	亲子徒步
			2	植物认知
	五月	仲夏风筝节	1	风筝制作
			2	风筝亲子比赛
	六月	民俗音乐节	1	音乐表演观赏
			2	民俗乐器科普
	七月	水文化节	1	滑水项目
			2	家庭划船比赛
	八月	果园采摘节	1	水果种植与采摘
			2	饮食制作
	九月	农事节	1	农作物种植与采摘
			2	饮食制作

图 2. 游憩项目策划方向

配套地产策划方向 休闲农庄

项目组合消费 & 体验

项目组合消费示意模式

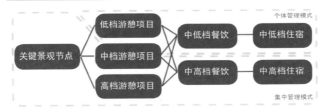

完整良好体验营造

1. 良好环境品质，营造干净宜人农庄环境

空间上规划成"主干"与"枝叶"的关系：以集中式农庄作为入口门户，从入口给人良好感受，整体提升郊野公园农庄环境感受

2. 项目自由组合，营造丰富有趣消费体验

集中式农庄开展的项目活动完全开放，让消费能力有限的消费群体也能有条件选择中高档游憩项目。给游客带来更多元的游憩项目选择可能，也扩大集中式农庄的消费群体。

3. 建筑新建与改建结合，营造郊野公园乡土本真氛围

集中式农庄立足于良好服务体验，往往会使乡土体验降低。两种模式结合，以个体经营农庄的乡土体验弥补集中式农庄的不足，营造郊野公园乡土本真的心理体验。

4. 贯穿亲情与文化主题，营造完整舒适游玩感受

农庄项目紧密围绕亲情与文化两大主题，打造亲子、养老、教化等立足于嘉定的项目，使整个游玩体验完整，感受舒适。

图 3. 配套地产策划方向

商业模式策划方向 生态养老康乐

项目缘起

· 截止 2014 年底上海户籍老年人口突破 400 万，老年人休闲时间充裕，对养生康乐需求巨大。
· 上海面向老年人的养生康乐旅游项目仍然较少，嘉定北郊野公园自然环境良好，适合策划适合老年人的休闲活动，引领全新退休休闲模式。

项目定位

· 迎合老人消费习惯，以免费或低消费项目为主
· 以活动组织吸引游客
· 老人休闲养生康乐

项目内容

· 药食膳房：药草种植园、药膳品尝制作
· 老年沙龙：老年课堂、养生论坛
· 康体健身：武术、太极、林间散步
· 理疗基地：康复中心、自然氧吧

药膳品尝

老年课堂

太极

康复中心

图 4. 商业模式策划方向一

商业模式策划方向　　整合提供旅游产品套餐

嘉北郊野公园经营模式

模式： 相对整合的商业模式

收益来源：整合提供游乐 - 住宿 - 商业 - 文化体验 - 农事体验 - 节庆活动 - 观赏表演等综合性的、主题性的产品套餐（**针对不同目标群体，有多种类型套餐可选**）+ 品牌带来的溢价。

传统公园经营模式

模式：景点和设施是分散的、各自为政，游乐设施经营者买断场地，不关心其它公园环境。

收益来源：门票 + 场地租金（场地分租给游乐设施经营者，以及节庆活动组织者）

缺点：往往制造噪音、影响景观，对自然生态系统和农业环境造成破坏。

儿童
教育

商业
购物

公园
游戏

农事
活动

亲子互动活动组合示意图

💡 经营模式特点

- **整体控制旅游产品**，通过导则等形式约束游乐设施经营者、赞助商、村民、游客等各个参与方的行为，减少相互之间的干扰、拆台，增加配合，打造整体大于局部之和的效应，提升综合的品牌价值

- **主题突出**，利用村落民宿形成用户群体的社团，让目标客户相互之间获得社交价值，这样的用户群体对潜在的赞助商更有吸引力

需要整合的经营模式

需要整合的经营模式

年轻父母群体

老年人群体

图 5. 商业模式策划方向二

案例总结

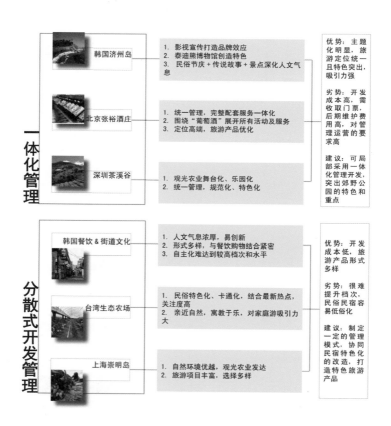

一体化管理

韩国济州岛
1. 影视宣传打造品牌效应
2. 泰迪熊博物馆创造特色
3. 民俗节庆＋传说故事＋景点深化人文气息

北京张裕酒庄
1. 统一管理，完整配套服务一体化
2. 围绕"葡萄酒"展开所有活动及服务
3. 定位高端，旅游产品优化

深圳茶溪谷
1. 观光农业舞台化、乐园化
2. 统一管理，规范化、特色化

优势：主题化明显，旅游定位统一且特色突出，吸引力强

劣势：开发成本高，需收取门票，后期维护费用高，对管理运营的要求高

建议：可局部采用一体化管理开发，突出郊野公园的特色和重点

分散式开发管理

韩国餐饮＆街道文化
1. 人文气息浓厚，易创新
2. 形式多样，与餐饮购物结合紧密
3. 自主化难达到较高档次和水平

台湾生态农场
1. 民俗特色化、卡通化，结合最新热点，关注度高
2. 亲近自然，寓教于乐，对家庭游吸引力大

上海崇明岛
1. 自然环境优越，观光农业发达
2. 旅游项目丰富，选择多样

优势：开发成本低，旅游产品形式多样

劣势：很难提升档次，民俗民宿容易低俗化

建议：制定一定的管理模式，协同民宿特色化的改造，打造特色旅游产品

图 6. 案例总结

淄博市桓台县马桥景观骨架体系构建规划

张德顺

项目基本情况

项目时间：2014 年 2 月—2015 年 1 月

项目地点：山东省淄博马桥镇

项目负责人：张德顺

项目主要参与人员：张德顺教授；刘鸣博士生；硕士生：刘哲、杨雯文、李玲璐、罗静茹、吕良

规划背景

马桥镇位于淄博市桓台县县境西北部，桓台、高青、邹平三县交界处，距县城 23km。镇域南北 5.5km，东西 12.5km，总面积 44.96km^2。由于位于黄河冲积扇上，境内水网纵横，地势低湿，雨季易内涝。北侧以小清河为界，镇域内有引黄干渠、引清济湖干渠、四季河网、孝妇河等人工渠和河流。马桥景观骨架体系一期规划起点位于城市南面新城区的城南公园，向北沿引黄干渠、引清济湖干渠、四季河网依次连接金桥公园、马桥公园、廊桥公园，末端沿杏花河向西南结束于综合效益防护示范园，全长 10.5km。

从生态系统脆弱性视角审视马桥景观骨架体系规划建设所存在的问题：基地地势低洼，汛期镇区经常内涝，持续时间长，防洪排水难度大；河网衰退，水系断头，水体生态功能退化，水生生物多样性匮乏；镇区北侧是工业厂区，

集中了海立化工厂、金诚石化、博汇纸业等大型化工污染企业，对周围环境排放有毒有害气体，空气质量差；长期以来，化工企业的污染废弃物随着污水直接排入小清河、杏花河等河流水网，在河岸和河床底部富集，导致周边土壤土质严重退化，且经过地下水的渗透对镇区饮用水源造成严重威胁；由于水体、空气和土壤都遭到严重污染，环境植被明显退化，有些区域甚至乡土树种不能正常生长。

规划内容

1）镇域骨架景观体系构建

融通绿脉，构建多维绿网，效益层级叠加；整治水脉，注重支源合治，文化魅力重塑；优化路脉，提倡生态为先，加强绿色防护。

2）镇域骨架景观功能分区

镇域从南到北共分为 11 个景观功能区：滨河游憩区、生态防护缓冲区、生态修复区、湿地展示区、城市活力区、人文景观区、新优苗圃观光区、绿色空中走廊防护区、魅力城镇发展、自然再生滨河景观区、引黄水源地保护区。

规划创新

本次规划重点突显了生态系统弹性服务的实践创新，具体体现在以下四方面：

1）增强应对干扰的自适应性规划策略

应对干扰的自适应性规划从生态因子上考虑，治理马桥镇的生态关键因子为被污染的水体，为实现清源治水而制定了 4 条对策：①城镇中水补给，对工业产业园区内的废水经污水处理厂处理后，引入四季河湿地，进一步过滤净化，供四季河补给，同时也可做为中水用于园林绿化浇灌；②引清济湖补给，规

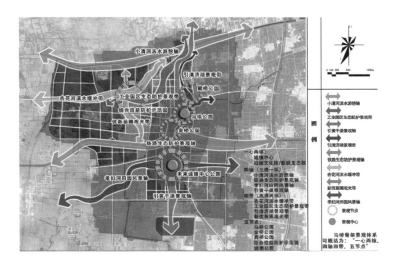

图 1. 马桥景观骨架体系结构图

划四季河水闸一处，引清济湖进水闸一处，在枯水季时调蓄补给，汛期泵站提水强排，防止内涝和污染；③引黄干渠补给，在金桥公园内中部规划泵站一处，枯水季时，抽取引黄干渠之水用于四季河水补给；④地下水补给，在马桥公园内西北处设计清水井一处，可用于旱季补给之水。

2）增强物质能量的流动循环规划

马桥景观骨架体系体系可概括为："一心两核，四轴四带，五节点"。其中，"一心两核"即城镇中心的旧城文化核和新城生态核，承担"源"和"汇"的功能；"四轴四带"分别是小清河滨水游憩轴、铁路生态防护景观轴、孝妇河田园风景轴、引黄干渠景观轴、杏花河滨水缓冲带、工业园区生态防护景观带、引清济湖景观带和新优苗圃观光带，在景观骨架体系网络中起到"流"的连接支持功能；

"五节点"指沿干渠河网分布的马桥公园、金桥公园、廊桥公园、综合效益防护示范园和城南公园，通过对景观骨架体系网络中的水体清源疏浚、土壤替换更新、植被种植再生以增强生态弹性。

3）增强物种和生境多样性规划

马桥景观骨架体系的物种和生境多样性通过植物种植规划设计来体现。规划营造多类型、多层次、多树种的常绿阔叶林来恢复生态系统弹性服务功能，促进生态系统良性循环；对于北边污染较严重的区域进行生态防护，适地适树，体现科学性、多样化与乡土化；减少强风对城镇的侵袭，改善城镇环境质量，降低大气中温室气体含量，吸收有毒气体，降温保温，缓解热岛效应。

4）增强多功能模块规划

构建景观骨架体系网络，镇域从北到南依次划分为小清河滨河游憩区、工矿生态防护缓冲区、干渠生态修复区、湿地公园展示区、城市活力区、人文景观区、绿色空中走廊防护区、魅力城镇发展区、孝妇河自然恢复区、引黄水源保护区、新优苗圃观光区 11 个主题功能区，其中重点以小清河滨河游憩区的河流生态修复和滨水景观空间营造为主要内容。

大岭山镇发展战略规划及重点地区城市设计

陈蔚镇

项目基本情况

项目时间：2013 年 12 月—2015 年 9 月

项目地点：广东省东莞市大岭山镇

项目负责人：陈蔚镇

项目主要参与人员：李其佳硕士；博士生：赵亮、何盼；硕士生：刘荃、李蔚、王玮炜

规划背景

大岭山镇位于东莞市中南部，镇域面积 9553.2 公顷，辖下 23 个村（社区），全镇总人口接近 30 万人，其中流动人口约 23.5 万人，约占总人口的 84%。大岭山镇是东莞制造业的腹地，"深圳前海"生产性服务产业走廊上重要的区域功能节点，同时也是东莞市南部地区主要的生态资源储备区。

伴随着东莞成为世界工厂的历史进程，1985 年至 2010 年 25 年间，大岭山镇城镇空间在工业化的推动下无序扩张，特别是 2005 年至 2013 年的 8 年间，城镇建设用地翻了一番，2013 年工业用地占城镇建设用地的 54%，G 类绿地仅占城镇建设用地的 3.1%，城市生态系统的连通性遭到破坏，水体污染严重。大岭山镇域空间的演化过程与现实结果反映了一直以来增长型地方主义的社会政治倾向——高度市场化的氛围、自由多元的经济联盟、巨大惯性的

土地红利分配模式。随着镇域建设用地面积趋近极限承载，城镇发展不仅是生态与经济博弈的价值观冲突问题，同时也是规划管制中面临的"土地价格低廉、土地利用效率低下"与"极度紧缺的土地资源"的冲突问题。

规划内容

由于传统的绿地系统规划方法或自上而下的绿地建设、运营模式面临资金困难阻滞了城市更新，难以从根本上改变上述经济发展模式对土地资源利用方式的支配，大岭山镇景观战略规划在传统的修复、保育区域生态绿地的基础上，尝试探讨景观由"生态限制性要素"向"发展性要素"的角色与价值转变，并具体体现在两个方面的工作：

1）面向生态系统健康与修复潜力的评价；

2）面向土地运营的景观战略规划框架。

规划通过针灸型的功能重塑、土地置换以激活基本生态廊道和网络，同时依据极为有限的可供腾挪优化的战略性空间储备探讨"景观触媒"的建设时序。四个重要的时序控制节点包括：

1）从工业用地梳理、景观生态修复着手，为城镇建设腾挪土地空间。根据各个企业对大岭山镇 GDP 贡献划分层级，迁出、消减初级工业作坊；新设工业园区选址结合现状用地、产业发展水平以及景观生态修复目标协同拟定。

2）借助于工业用地整备后释放的空间，培育 8 个新的核心景观功能区与旅游目的地，包括 RBD 地区、矮岭冚文化旅游产业园、华为生活小镇、矿山公园、同沙湿地公园、新塘村落再生项目、水朗村落再生项目等。

图 1. 基地现状分析

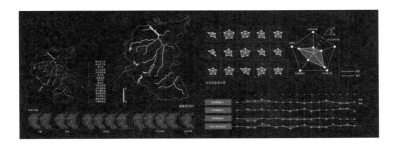

图 2. 基地生态评价

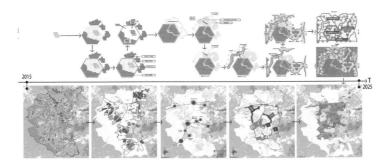

图 3. 规划时序分析

3）完善绿色基础设施建设，打通镇域重要公共空间活动走廊，通过湿地廊道、环城林荫道连接核心功能区与外围山水环境。

4）围绕核心景观功能区、廊道周边发展新的产业和新的社区，构建纹理更为细密的镇域景观生态网络，以宜居为核心主旨提升镇域作为"都市乡村"的空间品质。这一景观战略规划框架强调城镇空间资本的运营过程与景观修复、生态管制的过程融合，通过景观的触媒作用释放旧镇更新进程中的土地价值，使以水、绿为核心的镇域绿色基础设施建设更具时效与实效的意义。针对传统城市设计偏重物质形态的局限，大岭山镇重点地区的景观城市设计与战略规划同步开展，并尝试将"城市设计作为一种政策"。一方面是对战略规划层面中面向土地运营的景观建设时序控制的回应，另一方面也将促进村级集体经济较为弱势的地区能够启动自下而上的旧村功能重塑与形态更新。

规划创新

东莞大岭山镇实践的探讨—战略规划／城市设计两种可能的视角。资本全球化扩张导致景观空间的政治经济属性凸显，同时也推动了景观规划范式的演进。新的景观规划范式打破景观生态规划应对环境问题而被迫"管理自然"的规划方式，逐渐从防御性的规划演变为主动性规划、理性规划演变为协作式规划、静态规划演变为动态规划。东莞大岭山镇的景观战略规划与城市设计两个层面的实践是对景观规划价值变迁的初步探索，在景观战略层面强调构建具有可操作性的战略规划框架，而在城市设计层面强调差异化、复杂、多元的景观空间设计方法。

Nannan Dong/Zhen Ren/Jie Shen/ Mary Polites
Chenyi Zhang/Chuanwen Yu/Xiang Ji

JOY GARDEN：
充满趣味的屋顶实验花园

董楠楠 任震 沈洁 Mary Polites 张辰一 余传文 季翔

设计背景

随着城市化进程的加快，高密度城市中的可绿化区域越来越少，而绿色校园作为城市的重要组成部分，在推进城市生态的可持续发展等方面具有重要作用。在高密度城市绿化日益立体化发展的今天，屋顶绿化提供了校园既有建筑绿色化更新的可能途径。2016 年 3 月至 9 月，经过几个月的反复设计与现场安装，我们在同济大学校内一栋只有 150m² 规模的小建筑屋顶进行了实验性屋顶花园改造尝试。

设计内容

屋顶可使用面积仅为 150 ㎡，长度 23m，最宽处 8.2m，而最窄处仅有 4.4m，形状为不规则的长方形，四周被高层建筑包围。

1）前期改造

原屋顶设计施工时，整个屋顶存在防水层构造问题，空间感较差。基于以上问题，IUG 团队在屋顶花园正式施工之前，通过试验对楼面混凝土的抗压强度进行重新测定，同时再次铺设防水层，进行闭水试验以及更改排水口位置等一系列前期改造。

2）199 片轻质木架结构实现功能分区

屋顶花园的空间界面通过数字化技术生成三维曲线并详细推敲了尺度与轮廓，

图 1. 屋顶花园区域位置

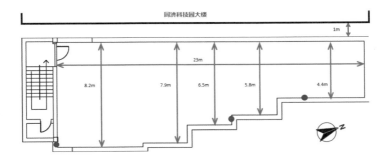

图 2. 屋顶改造前

最终设计出 199 片不同的木构架基本单元， 实现了具有座位、围栏、吊挂点等多个区域的全新空间。

经过对荷载的测算，屋面的人行平台部分整体架空，结合对屋顶花园的空间功能分割需求进行详细的屋面竖向剖面设计，在保证构造的稳定性基础上满足了屋面快速排水的要求。

3）能收集雨水，自动浇灌的花园

通过与专业合作伙伴的协同设计，实验屋顶花园在室外一楼地面设置了储水箱和控制箱，集成了雨水收集、净化系统与自动灌溉系统，并通过太阳能光伏板为系统提供电能、物联智能系统对雨水量和喷灌量进行精确计算，实现了太阳能光伏发电、屋面雨水收集与净化、屋顶绿化自动浇灌一体的集成功能。

设计创新

IUG 团队联合相关专业设计团队、建造工程与设备技术供应伙伴、高校实验室等研发创新机构进行了详细的跨专业协同设计，最终在 150m^2 范围内完成了包括建筑结构荷载测算、屋面防水测试与改造、木结构参数化设计、屋面雨水收集与自动灌溉系统、轻质化屋面构造基质等多项技术应用。

目前，改造后的 JOY GARDEN 屋顶花园，作为绿色校园改造的小规模实验，将逐步结合立体绿化的现场教学、系列立体绿植的评估和专题测试开展一系列的校园建筑绿色改造后续跟踪实验，同时也为师生提供了一个登高小憩的场所。

Nannan Dong/Zhen Ren/Jie Shen/ Mary Polites
Chenyi Zhang/Chuanwen Yu/Xiang Ji

图 3. 轻质木架构设计稿

图 4. 建造中的轻质木架结构

图 5. 屋顶花园一角

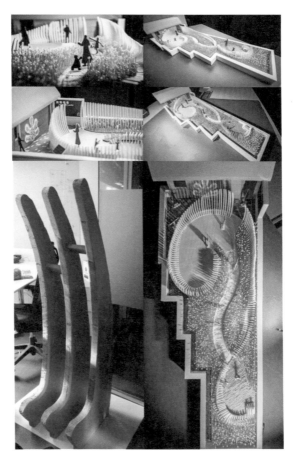

图 6. 花园模型

图 7. 72 小时闭水试验

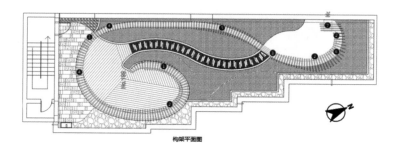

图 8. 屋顶花园功能分区图

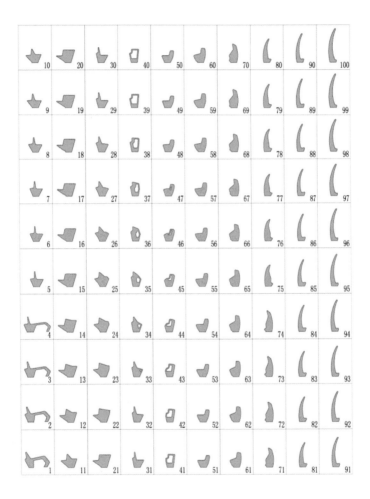

图 9. 部分轻质木架结构设计图

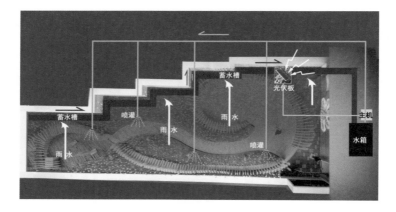

图 10. 雨水收集系统示意图

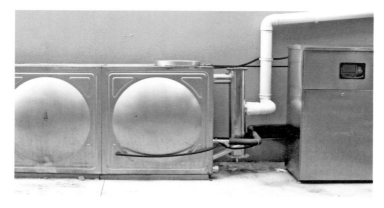

图 11. 置于一楼室外的雨水收集和净化系统、物联智能系统

图 12. 雨水收集系统和喷灌系统

图 13. 滴灌系统

图 14. 花园入口地板的 JOY GARDEN 轮滑

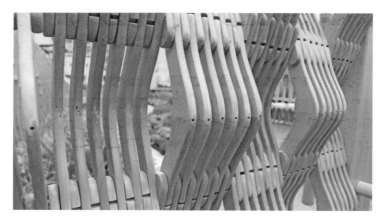

图 15. 花园入口大门由木制衣架拼接构成

图 16. 独立花盆植物盆栽，可以随季节变换更替

图 17. 片状龙骨上放置蒲团后，成为休憩座椅

图 18. 龙骨构架的连接、钻孔设计，便于悬挂或放置物品

图 19. 调皮的雕塑小人 Garden scenes

Nannan Dong/Zhen Ren/Jie Shen/ Mary Polites
Chenyi Zhang/Chuanwen Yu/Xiang Ji

图 20. 屋顶花园一角

图 21. 屋顶花园一角

图 22. 屋顶花园一角

图 23. 屋顶花园一角

高绩效景观：
同济大学嘉定体育中心景观设计

戴代新

项目基本情况

项目时间：2015 年 3 月—2016 年 12 月

地点：上海市同济大学嘉定校区

人员：戴代新、袁满、张越、金雅萍、戴乔奇

场地现状及问题

同济大学新建嘉定校区体育中心占地约 4.7km²，基地位于同济大学嘉定校区北侧，西接小昊塘水系，北侧临近校外的公路，西北角为学校次入口，东临学生宿舍区，南面与现有的体育场地相接。基地形状近似方形，主体建筑体育中心是银灰色、流线型、造型简洁时尚的现代建筑，除去室外体育场，周边景观面积约 2km²，其中包括南北两个入口广场。

因为基地位于学校内部，周边交通条件并不复杂。南广场为主要入口广场，并且由于学生宿舍区位于基地东边，可以判断未来主要人流来自东南向、东北向。场地内地形平整，自西向东，地势逐渐降低，但高差不大，标高相差在 1m 以内。建筑总平面设计已经有一个初略的布局，其中将南北两个入口广场在整体形式上设计为北小南大的梯形，并在基地西北角布置了停车场地，西南角是基地中最大面积的绿地。建筑的周边景观相对主体建筑是配角，因此设计相对简单，除了广场，就是草坪和几条交叉布置的小径。由于场地条

件限制，现有设计的问题主要为：场地中绿地零碎、分散，整体性不强。

设计理念及策略

建筑周边景观由于处于配角地位，常被忽视，我们认为这是一个误区。任何一处景观的设计，即使不以视觉形态作为主要的诉求，并非意味着它不重要。本项目的目标就是做好建筑主体配角的作用，不能喧宾夺主，尽量保留原有设计的意图，与建筑相协调，同时突出其功能性。项目从可持续风景园林的角度，将高绩效的景观作为设计理念。以生态、经济、社会绩效三个方面为出发点，制定项目的设计目标。具体设计构思可以分为以下两大策略：

1）构建循环雨水滞留系统

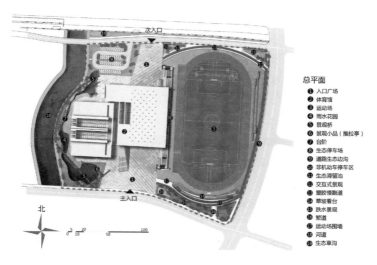

总平面

1. 入口广场
2. 体育馆
3. 运动场
4. 雨水花园
5. 景观桥
6. 景观小品（推拉亭）
7. 台阶
8. 生态停车场
9. 道路生态边沟
10. 非机动车停车区
11. 生态滞留池
12. 交互式景观
13. 塑胶慢跑道
14. 草坡看台
15. 跌水景观
16. 塑道
17. 运动场围墙
18. 河道
19. 生态草沟

北

图 1. 嘉定校区体育馆周边景观设计总平面

图 2. 嘉定校区体育馆建成照片

从地下将现有的零碎绿地连通，将有效提高整体的雨水滞留能力。矛盾在于，最大面积的绿地位于基地的西南角，场地整体的坡度却是西高东低。完全借助重力流的希望落空，设计通过一个不定时开放的水泵加以提升，解决问题；并通过在不同位置布置不同的雨水滞留空间形式，包括雨水花园、植草沟、带状和点状的生态滞留池、水幕墙等，形成循环的雨水滞留系统。系统模拟结果表明，在降雨频次为 5 年、20 年和 100 年的情景下场地内的雨水基本能够自行消纳，排放口处出流量都很小。同时，该系统也考虑了雨水的初步净化功能。

2) 联通环形健康慢跑步道

从地面将现有的零碎绿地连接，将有效提高人们整体的绿色空间体验和场地景观效果。设计构思通过一条环绕场地的慢跑道，将不同位置、大小的绿地串联起来，形成连续而又多样化的景观空间，同时在功能上也满足了田径场地关闭期间同学们跑步的需求。我们希望这里不仅成为同学们健身的去处，也是一个交往的场所。原来简单平凡的基地，通过设计创造出公共开放、别具特色的空间场所，年轻的学子在这里不期而遇，留下青春的永恒记忆。

具体设计形式方面，新的方案保留了原有南北广场梯形的格局，以及整体的布局形态，各地块的绿地形状也没有大的调整。除了具体的做法不同，例如原有的草坪修改为了雨水花园等雨水滞留系统外，主要是在基地的东南角绿地采用了微地形的设计，其目的是在主要人流方向对开放的田径场地形成一定的视线阻挡；同时采用了草坡的形式能增加景观的愉悦性；原设计中地形的变化还可以设置水幕墙，最终没有得以实施。

可持续特征及技术

景观绩效评价中，关键的一个步骤是确定设计项目的可持续特征，并寻找量化的方法与测度体系。反之，评价体系中的可持续特征也能为高绩效景观的设计提供思路。在以上策略之下，我们采用了如下具体的可持续特征设计要点，以及相关的技术手段。

表1. 采用的可持续特征分类指标与技术方法

一级分类	二级分类	三级分类	采用方法与技术
环境指标	水	雨洪管理	雨水花园、植草沟、生态滞留池等绿地空间形式
			广场铺设生态陶瓷透水砖
			生态停车场
		节约用水	游泳池灰水回收用于绿化灌溉
		防洪	减少雨水径流
			设置地下水池
	植物	采用乡土植物	保留基地乔木
		采用低维护植物	使用多年生草本植物
	栖息地	栖息地创建	水生动植物栖息地的创建，雨水花园增加了生物多样性
	材料与废弃物	再利用材料	栈道采用粉煤灰塑木材料
社会指标	娱乐及教育价值	教育价值	成为生态教育的示范项目
			为学生提供生态设计的实践项目
	公共健康与安全	生活质量	提供学生户外生活空间
		锻炼	修建环形慢跑道
	其他社会指标	风景质量/视线	增加学校的景点
		创造场所/场所感	增加学生交往空间

即墨蓝色新区北轴线景观设计

刘立立

项目基本情况

项目时间：2014 年 3 月设计，2015 年施工，目前实施中

地点：青岛即墨市

人员：刘立立、何深华、王彪、石晶晶、杨子、王文娟、何凤

项目奖项：设计竞赛第一名，中标单位

项目背景：即墨市蓝色新区位于城区东部，是城市未来的行政新区。该轴线全长 1.3 公里，面积约 12 公顷，是新区重要的公共景观。

规划设计内容

在总体规划中通过一条连续的景观轴线将北部的自然山体与城市相连，景观轴线的两侧是城市办公、科研、商业服务等综合设施建筑的"集聚体"，很显然这条轴线是城市的绿色"敞厅"，是以步行为主的公共空间。规划设计寻求创造性及功能性的前沿设计理念，不仅进一步整合基地周边用地及交通，同时展现和发挥地域文化特色及蓝色新区独特的潜力。将即墨北轴线设计定位为"盛世蓝轴"，并通过即墨拼音字母"JIMO"的巧妙运用，以创建一个有吸引力、标志性的城市公共开放空间。

规划设计创新

由于轴线被多条东西向的城市道路所打断，轴线连续步行的难度较大，不能真正实现景观的社会、经济效能。方案设计首先着眼于步行交通环境的改善，

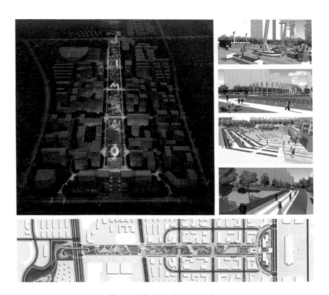

图1. 即墨北轴线景观设计1

将景观设计和城市设计相结合，将不必要穿越轴线的支线道路在轴线部分予以取消。通过结合现状的竖向设计，并利用地下停车空间来开发地下廊道，以穿越城市道路来保障轴线的连续性。设计重新优化了周边的路网结构、道路交叉口的地坪标高，以及由于标高调整引发的市政雨污排水体系。蓝色新区以"蓝"寓意高科技，在轴线的铺装设计中特别突出了一条贯穿南北的"线路板"，它既是高科技文明的表象载体，同时作为透水路面的主干道也是实践海绵城市的重要举措。

图 2. 即墨北轴线景观设计 2

图 3. 即墨北轴线景观设计 3

济宁市南郊动植物公园景观设计

刘立立

项目基本情况

项目时间：2016 年 12 月设计

地点：山东省济宁市

人员：刘立立、何深华、戴奇宇、李伟、吕万斌、陈明鑫

项目奖项：设计竞赛第一名，中标单位

项目背景：南郊动植物公园前身为南郊苗圃，后局部增建动物园，遂成动植物公园。现市政府计划搬迁动物园部分，同时充分利用公园现有植物及设施条件，并通过新增公园用地（共计约 35ha），将该公园打造为市级综合性公园。

规划设计内容

本设计充分认识到现状苗圃中的规模林带、遗留或保留设施对项目地方特色的重要性。希望通过林带空间的识别性疏理，让规则有序但没有显著特征的单一苗圃林带产生空间变化的戏剧效果。对约 10 年历史的动物园设施也没有全部废弃，特别是具有空间再利用和想象趣味的动物室外馆池都加以利用。通过新设计的儿童游戏设施、室内创新功能建筑来和现状设施创造共融共生的新局面。

规划设计创新

作为市级综合性公园，在规划设计的理念中特别注重开放性的设计。这种开放性不仅体现在公园没有围墙，市民可以方便地进出，更重要的是城市和公

园在功能和空间的相互融合。公园现状被城市道路、河道划分为四块，设计通过整体的环道、水系来重新整合了相互关系，以方便市民完整地游憩和玩耍。在城市功能上使之不仅是绿化园林，更通过儿童智游乐园、城市乐圃菜园、城市节庆广场、综合运动中心等空间特征强、功能特色鲜明、参与程度高的项目来实现开放性。

图 1. 济宁市南郊动植物园景观设计 1

图 2. 济宁市南郊动植物园景观设计 2

图 3. 济宁市南郊动植物园景观设计 3

济宁市泗河
综合开发示范区景观规划

刘立立

项目基本情况

项目时间：2016 年 4 月设计

地点：山东省济宁市

人员：刘立立、戴奇宇、李伟、吕万斌、王俊、陈明鑫、田小梅

项目奖项：设计竞赛第一名，中标单位

项目背景：泗河目前是城市东郊一条生态条件较好的自然河道。"子在川上曰：逝者如斯夫"指的就是这条河流。随着城市化的进程，泗河在未来将会成为穿越城市各个建设区块，并能够构建生态廊道的一条重要河流。为此市政府希望保护和利用好泗河，使之成为综合开发的示范案例。示范区全长 16km，面积约 12km^2。

规划设计内容

作为一条典型的北方内陆河流，降雨主要集中于 8、9 月，平时上游来水较少，河床基本能维持约 200m 宽的水面河道，而两侧则保持宽约 1km 以上的"二滩"。二滩目前基本为农业用地，景观的规划设计思路不是简单地用绿地换农地，这会导致大量的财政投入，同时也会"消灭"城乡共赢一体化发展的特色。因此综合开发的思路是采用"二八原则"。20% 的二滩用地被用于景观塑造，80% 的二滩用地将作为自然驳岸、湿地、草甸、树林、基本农田等自然形式予以保留。保留原生态的现状和农业产业的用地不仅不会弱化景观

图 1. 济宁泗河综合开发示范区景观规划 1

的效果，反而由于城乡互动，通过将城市居民通常进行的郊野活动（主要包括漫步、健身、远足、烧烤，以至家庭旅行及露营等）和农业观光、科普、产业等内容相结合，从而创造了和谐的人居环境。

2. 规划设计创新

作为季节性河流，在枯水季单一注重防洪功能会极大地削弱市民参与的亲水性。泗河综合开发示范区景观设计的示范意义是打破了专业壁垒，以景观设计为先导，将河道防洪、土地利用、产业引导、生态保护和利用、美丽乡村等综合课题整合为一个整体的设计。

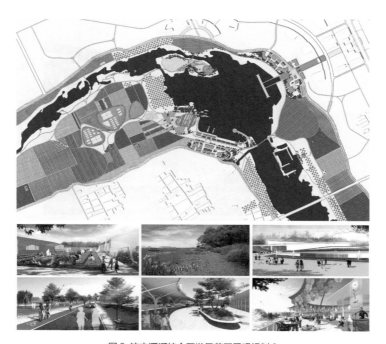

图 2. 济宁泗河综合开发示范区景观规划 2

Lili Liu

湛江文化中心设计

刘立立

项目基本情况

项目时间：2016 年 4 月设计

地点：广东省湛江市

人员：刘立立、戴奇宇、李伟、吕万斌、陈明鑫

项目奖项：设计竞赛第二名

项目背景：湛江文化中心本身是一个以建筑设计为主的城市综合项目，占地约 16.57ha。项目地块内容纳的场馆较多，包括图书馆、博物馆、美术馆、群艺中心、大剧院等大型文化建筑。湛江市政府希望结合滨海环境，打造城市地标。

规划设计内容

湛江文化中心众多的建筑集聚在一起，其相互关系在设计上面临着整体性或差异化的选择。作为地标建筑（或景观），易于感知和认知的往往是简约整体的形式，因此设计思路是将各个功能、体量差异化的建筑单体集约为一个公共的景观平台——"琼台"。从海上看，"琼台"作为单一的简约建筑是城市空间的主体，是一个沿着海平面舒展的建筑地标；从基地内部看，它是一个可以景观揽胜的大公园，公共空间和绿地从地面广场一直延伸到建筑屋面，建筑既存在又消隐。由于在有限空间里建筑和景观的复合利用，从而创造出独特的建筑艺术和滨海景观，使之成为湛江城市的文化地标。

湛江文化中心

规划设计创新

传统上在城市这个范畴相对于规划和建筑，景观往往是后置的下游行业。而湛江文化中心由于景观专业的"前置"，在规划设计之初就将建筑与景观设计作为一个整体来考虑，这种建筑景观一体化的设计方法模糊了建筑和景观的专业背景，是一种新的实践尝试。

Yuelai Liu

社区花园的上海实践

刘悦来

项目基本情况

项目时间：2015 年—2016 年

项目地点：上海市宝山区、杨浦区、浦东新区等

负责人：刘悦来

团队成员：魏闽、范浩阳、张习、谢文婉、后学兵等

参与人员：同济大学景观学系学生等

规划奖项："行走上海 2016——社区空间微更新计划"一等奖（上海市规划和国土资源管理局）

杨浦区十大青年公益项目（杨浦区团委、杨浦区民政局）

规划背景、内容与创新

2015 年 12 月召开的中央城市工作会议明确指出："城市工作要把创造优良人居环境作为中心目标，努力把城市建设成为人与人、人与自然和谐共处的美丽家园。要增强城市内部布局的合理性，提升城市的通透性和微循环能力。"上海已经进入了都市空间微更新时代，从景观园林而言，几年前市中心几个区的绿地增量已经接近零。土地不能增加，空间品质还需要提升，这里面的唯一对策，就是更新。面对无论大小的空间，微更新又是必由之路。微更新，一个微字，有规模的小，也有细处着手小中见大的意思。更新，也是跟上当前的使用与发展。当小区物业养护困境遭遇社会老龄化，集中体现在一些老旧小区居民私自种菜问题，这一现象已呈星星火燎原之势。居民投诉，

167

城管来拆，物业种上草，过不了过久，养护不及，又是杂草丛生，居民接着再开辟种菜……到处在上映这样的猫捉老鼠的游戏。问题来了，变局也跟着来了。这个解药，就是以社区园艺为起点的社区营造，这个营造是社区公共空间的营造，也是社区凝聚力的营造。具体的实施过程，从程序上而言，本来就有，只是没有以正当权利的方式去实践而已——社区营造（Community Empowerment，本意就是社区赋权，把本该属于自己的权利真正用好）。业主大会或业委会通过决议，划出对居民影响比较小，环境不佳的地块，由社区园艺达人组成志愿者团队进行日常管理。种植与管理方案，须经业委会审议通过。 这是一个合法赋权的过程。这个过程，可以有社团力量作为催化剂，也可以有专业机构的支持，还可以有政府的积极引导。各方合作式参与，发力在这空间中，使得空间明显具有公共性。而更重要的，从幼童开始，公民的权利也得以真实地呈现。这是社区营造的内在动力，也是市民园艺本身的魅力所在。

笔者团队近年在倡导以社区园艺为基准的景观设计与营造，在公园（上海世纪公园可食地景花园）、学校（上海市委机关幼儿园、曹杨中学湿地净水园、同济大学建筑与城市规划学院 C 楼香草花园）、园区（中成智谷、创智天地）、社区（静安彭浦新村艺康苑、杨浦鞍山四村、抚顺路 363 弄）进行了一系列的实践探索。

社区园艺呈现的结果，是一个一个的小微的社区花园（Community Garden）。社区花园特别是以自然保育为主的低维护社区花园可以解决快速城市化进程中逐渐浮现出的城乡割裂问题。乡村问题的根源在于城市，通过调动居民积极性进行自我营造的方式在城市间隙地中播种绿色，弥补城市生

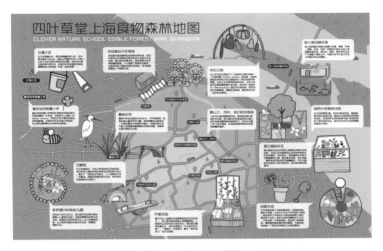

图 1. 上海社区花园地图更新

产功能的缺失。

社区园艺的实践方式，是"都市的朴门"。都市的朴门是四叶草堂发起的针对都市隙地进行的朴门永续设计与营造活动，旨在探索城市微空间的自然保育及社会参与的过程。"Permaculture"译作"朴门永续设计"，原本来自permanent（永恒）+agriculture（农业），如今更从多年生的农业系统拓展成一个涵盖性更广的 culture（文化）。其核心价值为"照顾人、照顾地球、分享盈余"，目标为"师法自然，设计与维护一个具有生产力的人为生态系统"，这是一个强调人人可以应用的学问，致力于营造丰足而多样性的、整合的、自给自足而且低度环境干扰的生态系统。目前我们都市的朴门系列实验已经

图 2. 林绿家园苔藓花园居民参与绘制社区花园围栏

初步形成专业版、快乐儿童版及社区互动版，从不同空间类型和社区环境促进社区营造。

根据我们团队在社区中实践，要充分发动居民参与设计、营造，在这种社区花园设计中，设计师最好的位置，是躲在后面。如果让居民感觉到，这是我们自己的设计，不是设计师的设计，这个设计就已经成功了。当然，从另一个角度做到成功的，那就是人人都是设计师。在实施的过程中，尽最大努力去利用现有的材料和资源：材质是物质的，资源是广泛的，包括人的技术。每个社区都有能工巧匠，可惜没有发生之前，他们大都被埋没，或者只是在自己小家里有一定的实践。社区花园建设的过程，就是逐渐发现这些能工巧匠的过程，也是发现社区领袖的过程。这些社区的花园的有力支持者的力量体现，不仅仅在营造阶段，更重要的是在维护阶段。在这个过程中，这些有力量带动团队前进的，不只是有能力的社区领袖，社区中的儿童，往往更是超级推手。不要小看他们的力量——他们是唯一能调动社区、学校、一代和两代人的力量。儿童是环境最敏感的人群，儿童友好社区的一个体现，就是环境。以我们经验来看，社区花园的建设，儿童是最有兴趣的，老年人是最有时间的团体。这两者的结合，是当下社区园艺的有利条件。

"一切都是那么简单，只要我们肯谦虚向大自然学习。"都市的朴门计划，正当其时。从社区中来，到社区中去，这是属于我们自己的家园。这些活儿，我们自己都可以干。我们有时间，也有空间。我们有理念，也脚踏实地。

图 3. 市民参与社区农园采摘活动（上海创智农园）

图 4. 世纪公园社区参与花园建设

图 5. 中成火车菜园四叶草堂自然学校社区园艺活动

图 6. 百草园社区活动 — 植物漂流

图 7. 社区居民参与百草园种植

图 8. 疗愈花园现场营造

图 9. 老人们喜爱的疗愈花园

眉山市城市空间
——东坡文化总体规划

胡玎

项目基本情况

项目时间：2015 年 3 月—2016 年 12 月

地点：四川省眉山市

人员：胡玎、王越、陆曦、张慧良、盛燕华、王丽、孙颖、应佳、程冰月、周峰、谢俊

项目背景：随着眉山城市建设步伐的加快，已经建成、在建和规划了一批城市公园绿地和广场，被统称为"东坡文化景点建设"。不同的规划设计团队承担这些公共空间的设计时，出于对东坡及三苏的敬仰，往往引入东坡及三苏文化。但文化空间建设的内容和方式大部分都是人物雕塑和诗词题刻等。于是，眉山市的户外公共空间已经有了近二十座苏东坡的雕塑，不仅有些视觉审美疲劳，而且所表现的文化内容也有不少重复。与此同时，东坡和三苏文化丰富的内涵却没能充分表现出来。文化重复和文化缺项的并存，让大家对"东坡文化景点建设"出现了一定的困惑。基于这样的困惑，眉山市和同济大学合作，在全国第一次编制《眉山市城市空间特色文化总体规划》。

规划设计内容

1. 城市特色文化演绎：东坡故里 快乐眉山

城市空间特色文化总体规划首先要确定"特色文化"，并建构以其为龙头的城市特色文化体系。苏东坡走遍半个中国，各地都在传承东坡文化，眉山与

文化主题	文化分主题	
1 东坡故里	-苏轼青少年时期在眉山的生活经历（亲情、友情、爱情）	-苏轼生平经历 -苏轼成就（文学、艺术、养生、精神、教育） -苏轼对世界的影响
三苏博览	-三苏在眉山的生活经历	-三苏情（父子情、兄弟情、母子情） -三苏的生平经历 -三苏的文学成就 -三苏的评论 -三苏的影响（教育、养生、饮食） -女性文化（苏母、苏妻、苏小妹）
3 诗书古城	-东坡成长的人文环境：古城格局、城市变迁、社会背景、时代特征（诗书文化、从文风气、社会民俗） -东坡成长的自然环境：山水格局、山水变迁（岷江改道史）	
文城一体		-东坡文化作为眉山特色文化与城市功能、产业和公共空间的融合 -东坡文化与眉山其他文化的融合

起源地　　　制高点

图 1. 东坡故里，快乐眉山特色文化演绎

全国城市所不同的文化特质在于三个方面。首先眉州是苏东坡的故乡，少年东坡和青年东坡的故事为眉山所独有；其次别的城市有一苏，而眉山有三苏：苏洵（苏老泉）、苏轼（苏东坡）、苏辙（苏颖滨）三父子同时入列唐宋八大家，而且还有入列中国古代三大贤母的苏母（程夫人）；再者，两宋时期的眉州是中国三大雕版印刷中心，出了八百进士，被陆游评价为"千载诗书城"。在这样的城市文化氛围中孕育出了苏氏三父子。

苏东坡是全才，艺术上诗词文书画等皆为大家；为官历典八州，爱民如子，功业斐然；生活中与茶、酒、美食无不碰出火花。但在东坡文化研究中大家一致认为苏东坡最值得人们学习的是他的"乐观精神"。他在生命的最后时段曾写下诗句："问汝平生功业，黄州惠州儋州。"由于东坡一生正直，一个阶段得罪改革派，一个阶段得罪保守派。时而自请外放，时而被贬谪，政治生涯沉沉浮浮蹉跎。被贬黄州当团练，俸禄不足以养家，借坡上荒地种菜自给自足，开始有了东坡居士的雅号。但生活的困顿却没有影响东坡的豪情，《念奴娇·赤壁怀古》在黄州喷薄而出，成为豪放派宋词的代表作。被贬至岭南的惠州后，东坡带领百姓克服海潮和江潮的双重威胁筑桥，兼有魄力和能力。六十岁高龄的东坡坐着海船被贬上了海南岛，在荒蛮之地视险若夷，以苦为乐，创东坡书院培养出一批学子，大大加快了当地的文明教化。所以，"快乐东坡"是最值得当代珍视的精神！

除了两宋荣光的东坡和三苏文化，融合眉山市的彭祖八百寿文化、竹编艺术文化、忠孝文化、雅文化等特色文化，系统建构起以东坡文化为引领的城市特色文化体系。

2. 市域城市空间特色文化布局规划
结合市域现状文化空间分布特点，规划形成"一核、两心、一轴、一带、四片"的布局结构。
一核：中心城区汇聚高密度东坡文化空间，同时是眉山东坡文化与城市公共空间结合的集中建设区域，是眉山市域范围内广义东坡文化核。
两心：岷江山水文化带与两宋荣光文化轴相汇交织于东坡区，形成东坡文化

图 2. 眉山东坡岛湿地公园

图 3. 眉山市三苏广场，苏轼、苏洵、苏辙雕像

第一心；青神因其资源条件，成为东坡文化第二心。

一轴：东西向形成眉山两宋时期文化名人田锡、黄庭坚、三苏、何栗、虞允文、虞公著等构成的两宋荣光文化轴。

一带：岷江东坡游历山水文化带，南北向以岷江为纽带将青城山水、眉山东坡、青神中岩和嘉州凌云联系形成区域东坡文化体验带。

四片：东坡区周边形成四大文化片区，分别为彭山"忠孝寿山"文化片区、仁寿"宋相光辉"文化片区、丹棱"苏门大雅"文化片区以及洪雅"古之遗直"文化片区。

3. 中心城区城市空间特色文化布局规划和重要城市空间特色文化详细规划引导

包括十大片区，即老城片区、东坡岛片区、泡菜城片区、苏坟山片区、岷东生态养生片区、岷东教育片区、蟆颐观片区、太和古镇片区、醴泉河片区和水碾河片区。

规划设计创新

在我国"文城一体"的大趋势下，率先编制了"城市空间特色文化总体规划"，探索了"城市特色文化"与"城市空间"在城市总规层面的结合。

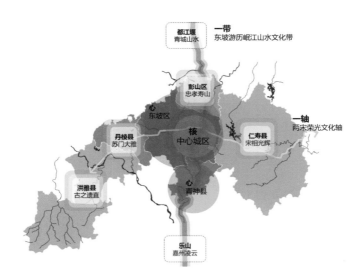

图 4. 眉山市域城市空间特色文化布局规划图

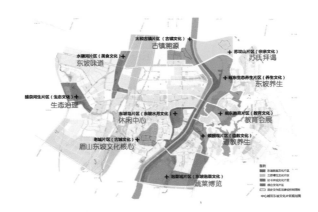

图 5. 眉山市中心城区城市空间特色文化布局规划图

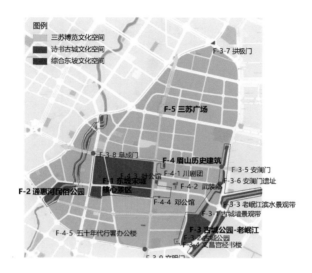

图 6. 眉山市重要城市空间特色文化详细规划引导（老城片区）

图 7. 鸟瞰眉山

基于 PTC 式抵离系统的旅游景区规划设计项目实践 [1]
——以上海迪士尼旅游度假区为例

李瑞冬

项目基本情况

项目时间：2014—2016 年

项目地点：上海

项目规模：121.13ha

项目负责人：李瑞冬

项目参与人员：翟宝华、李伟、江曼、林大卫、杜文华

引言

抵离旅游景区的过程是旅游游赏行为发生之前和之后的重要环节，这一环节的游赏体验主要受到来自交通、环境氛围与综合服务三个方面。对于旅游热点景区如何建构安全有效的抵离系统是在整体布局之前需要优先考虑的内容。作为全球性主题乐园，上海迪士尼旅游度假区面临的大客流使其抵离系统所受的交通压力和挑战尤为突出。以 PTC（Public Transportation Corridor，全称公共交通连接段，以下简称 PTC）为核心、连接乐园与城市轨道交通、公交枢纽、游客停车场等主要交通设施的抵离系统是迪士尼旅游度假区典型

---

[1] 该文章中所列设计项目，除奕欧来上海村是与 JRDV 合作设计外，其余项目均为同济大学建筑设计研究院（集团）有限公司独立设计，笔者均为设计项目的景观专业负责人。

的交通组织方式，可简称为 PTC 式抵离系统。

这一系统良好地实现了车行与步行的有序转换、交通组织与布景设计的有机结合、极端客流或突发故障的紧急应对。笔者有幸参与了基于该系统的上海迪士尼度假区包括 PTC、PTH（Public Transportation Hub，公共交通枢纽，以下简称 PTH）、停车场、终端景区以及连接上述项目之间的标识系统等全环节项目设计实践（图 1），其功能构成、空间结构、设计特点和手法等对

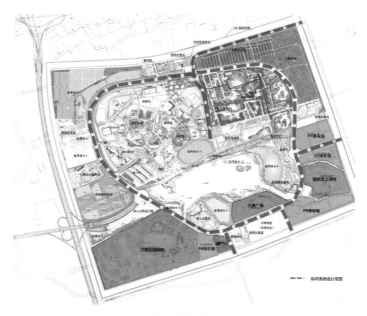

图 1. 项目区位图

其他旅游景区的布局与设计具有一定的借鉴与参考意义。

PTC 式抵离系统的基本模型

1) 基本构成

游客抵离旅游景区包含了借由一定交通方式到达或离开景区、完成交通方式转换（转换为景区内部交通或步行）、进出旅游景区大门开始正式游赏三个连续的行为过程。在空间上，则包含了接纳外来交通流的交通设施与场地、换乘空间及景区入口周边集散空间等几大部分。

PTC 式抵离系统的交通设施包含：接纳公共交通流的 PTH、轨交站点、旅游巴士停车场以及接纳私人小汽车的社会停车场。景区入口集散空间则包含出入口广场、售票、入口标识、安检、检票、游客中心等管理设施及游客服务设施。

2) 空间结构

PTC 式抵离系统基本呈现为线段钟摆式结构（图 2），公共交通枢纽与社会停车场位列轨道交通枢纽外围形成紧凑的车行交通核。该交通核经 PTC 与入

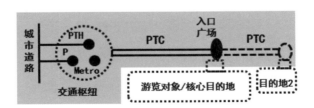

图 2. PTC 式抵离系统基本结构简图

185

口集散空间直接相连，PTC 可能就此截止，也可能继续延伸到达下一景点、交通核或服务设施组团。

这样的基本点线式结构首先保证了人流的快速汇流，为集中的交通流管理提供必要条件；其次，线性且相对限定的空间，为主题化景观塑造与游赏氛围营造、游赏体验控制提供了空间可能。

PTC 式抵离系统的核心特点

从 PTC 式抵离系统的空间结构看，其具有交通换乘便捷、步行体系完整、空间高限定与可控、交通功能与游赏体验兼备、服务能力弹性等多项核心特点。

上海迪士尼旅游度假区 PTC 式抵离系统项目实践

1) 上海迪士尼旅游度假区抵离系统

上海迪士尼旅游度假区由于面临更大的建设规模、更高的预测人流、以及更

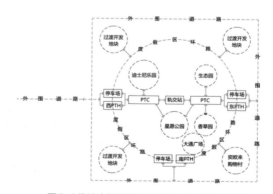

图 3. 上海迪士尼旅游度假区抵离系统拓扑结构图

多的分期实施，其采用了双向线段式 PTC 式抵离系统。乐园由度假区环路包围，东西分别设置大型停车场及公交枢纽，以轨交站点为中心，跨环路的人行天桥及东西向通道共同构建起完整的人行公共交通连阶段，即 PTC（图 3）。

轨交站点位于 PTC 中段，向西形成联通西侧 PTH、停车场、迪士尼乐园一期的西 PTC；向东形成联通东侧交通枢纽、停车场、乐园二期（过渡期开发为生态园）的东 PTC，进而形成以轨交站点为轴心，近对称结构的线段式抵离系统空间结构（图 4）。公交枢纽、乐园入口等交通集结点在空间上呈线性铺陈，从而实现不同方式抵离的综合效率最佳化。

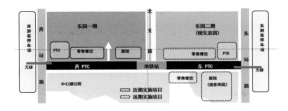

图 4. 上海迪士尼抵离系统结构简图

2) 东 PTC 设计

上海迪士尼 PTC 全长约 1 720m，西 PTC 起于西环路，东西长 1 000m；东 PTC（图 5）起于地铁站东广场，止于东环路，长约 720m，规划宽度 38~88m 不等，用地面积 38 525 ㎡，东侧包含跨东环路连接东侧停车场的过街天桥。

该工程设计以良好的游客体验、支撑后续顺畅的管理运营为根本目标，设计

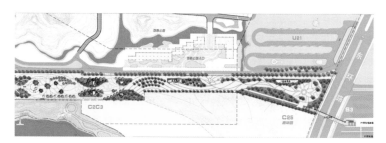

图 5. 东 PTC 总平面图

在解析基地承载功能与游憩诉求的基础上，进行功能空间的分解与组织，并结合基地线型空间属性确定了分带引流、分段塑造的基本空间策略。而以景区客流预测为依据进行的空间使用能力测算为场地空间设计提供了量的依据，与总体空间布局方案相互制约、相互佐证。出于造景考虑的主题概念演绎则综合度假区的功能属性、上海的地域特色及与周边一体化的氛围营造等进行景观化诠释；抽象、提取的主题符号融入设计，成为细节设计的亮点与特色。

3）南 PTH 设计

上海迪士尼旅游度假区南部入口的主要公共交通枢纽（图 6）总面积 27 850 ㎡，其需要充分满足度假区的交通集散与换乘、旅游景区门户服务及交通组织管理等三大功能。该项目采用如下设计原则：

① 交通流线与旅游景区功能、交通、集散一致；

② 交通流线组织顺畅；

③ 土地使用集约化；

④ 功能、景观、经济、服务一体化。

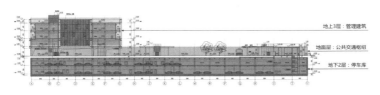

图 6. 南 PTH 剖面

由于南 PTH 的特殊性其兼具城市型公交枢纽及景区型公交枢纽的功能，其在设计布局上具有多客流的换乘功能、充足的土地使用效率、叠加式的空间布局、合理的交通流线组织、便捷的换乘空间、充足的建筑使用面积、全天候的候车区域、人性化的便民服务设施等多方面的特征。

4）配套停车场设计

作为 PTC 式抵离系统中的主要交通设施，度假区内共设置了 5 个大型停车场，其中笔者设计了除迪士尼停车场外的其他 4 个停车场，总面积 318 030 ㎡，共布置机动车位 4 746 个（包含小轿车、旅游大巴、出租车等），非机动车位 982 个。配套停车场具有规模大、车流类型多样、外部交通依附度高、交通组织复杂等特点。设计本着整体性、关联性、匹配性、流畅性、安全性、便利性等设计原则，在充分分析内外交通需求、流量、交通组织方案等基础上，在规划布局上形成了如下几方面的特征：

① 由于本停车场项目地块分散，且停车场地块承载功能不一，其不仅承载一

般的收费停车功能，也存在出租车、旅游大巴等公共交通功能，同时还兼具管理、景观、服务等功能，规划设计首先需根据其内部功能，进行功能区划。

② 内部道路体系的建立

由于场地面积大，而外围道路开口少，在设计中通过建立内部道路体系来连接停车区块，从而减少对外围道路的依附度和对外围道路的交通影响。

③ 多类型交通流线的组织

通过车道划分、人行体系建构、出入口分离设置等多种手段有序组织区内出租车、过境交通、旅游大巴、社会车辆、人流等多类型的交通流线。

④ 接驳体系的建立

由于地块规模大，从停车场到目的地距离远，在停车场设计上引入接驳体系，在方便游客的同时提高旅游体验度。

⑤ 便捷服务设施的布置

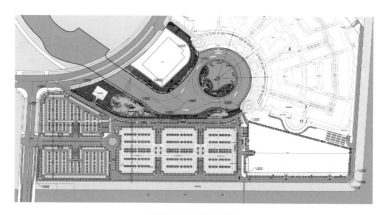

图 7.　停车场示意图

区内提供了厕所、餐饮便利店、司乘人员休息室等服务设施。

⑥ 绿荫停车场的建设

见缝插绿，利用停车空间设置绿化，形成绿荫停车场。

⑦ 收费与管理系统的建构

为了提高停车场的停车效率，在收费与管理模式上采用中央收费、手机 APP 支付、拍照系统等多种模式。出入口与岗亭数量选择上根据停车场规模与出入场时间进行计算确定（图 7）。

5）旅游目的地景区设计

在交通体系设计之余，笔者参与设计了上海迪士尼旅游度假区内两个旅游目的地的设计，分别为 MAXUS 大通广场、奕欧来上海购物村与三期乐园地块项目，其中 MAXUS 大通广场为一景观设计项目，奕欧来上海购物村为商业

图 8.　大通广场表现图

街整体设计（笔者负责景观设计部分），三期乐园地块为一过渡性旅游景区
开发规划项目。

MAXUS 大通广场建设（图 8）是旅游度假区内近期大客流紧急疏散和户外
节庆活动举办的重要场所，用地面积 104 991 ㎡。该项目工程设计结合已建
星愿公园、连接南环路与滨河公园的樱花大道等，对场地环境进行梳理布局，
最大限度满足近期使用需求与作为过渡期利用的非永久性属性。设计以保证
地块整体性、提升景观审美度、凸显自然生态性、兼顾用地过渡性为主要设
计原则，以满足大流量聚集、快捷疏散保证、舒适美观等作为首要的设计目标，
以舒展而绿意盎然的草地作为设计的主要元素，通过系统的空间组合与地形
塑造，在满足基本功能使用需求的同时增加空间的层次感和营造良好的景观
环境。

图 9. 奕欧来上海村鸟瞰图

奕欧来上海购物村（图9）作为旅游度假区东南主要的旅游目的地，主要业态为购物中心及配套商业，总面积约144 535 ㎡。总体空间布局以中央湖泊水景为中心，径向发散出四条放射状轴线，塑造出以纽约、巴黎、米兰以及维也纳四个国际性大都市为主题的购物街意向，并通过三条环向街道衔接，形成纵横联通的完整购物街空间架构。该项目景观设计突出塑造建筑"第五立面"注重细节设计、要素严格把控、提升舒适氛围等特点，通过轴线街道、环形同心街道及节点景观设施等三个层面为顾客提供尺度适宜、空间流畅的购物环境的同时，提供不同体验的多样空间，并创造出景观的识别性和自明性，进而协助空间的识别导引。

三期乐园地块项目（图10）是为了提高土地使用效率而对规划中的迪士尼乐园三期地块进行的过渡性开发规划，位于整个园区的西南角，占地面积

图10. 迪士尼三期地块第三轮远期

577 300 ㎡。该地块主要规划为旅游小镇和园区备苗基地两大区块，规划采用"一心、双环、多区"的空间结构，布局了旅游小镇、邻家公寓、停车、露营、运动、苗林等多个功能组团。目前邻家公寓、露营基地等项目已在实施之中。

6）公共区域人行标识系统设计

为了进一步完善上海迪士尼旅游度假区 PTC 式抵离系统各要素的联通性，特对全区进行了人行标识系统的整合与设计（图 11）。该项目的设立具有满足度假区内外人行标识衔接、完善 PTC 式抵离系统的标识体系、提供步车转换信息、引导游人抵达目的地等主要功能。设计在梳理园区内外各项目标识系

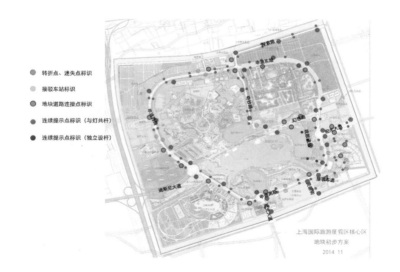

图 11. 标识布局总平面

统的基础上，结合度假区的空间结构特征，遵循游人的游览线路规律，采用分级引导来设置标识系统，并按照人流量规模确定标识布设密度。在版面设计上则以空间信息元素层序化方法作为构建空间标识信息体系的基础方法，以度假区 PTC 式抵离系统的空间模型为核心，以此来确立标识版面所应涵盖的诸如游客服务、目的地、交通设施、餐饮住宿设施、游览设施等信息内容。

参考资料

[1]《上海国际旅游度假核心区控制性详细规划》（上海市城市规划设计研究院）。

[2]《2013 年上海迪士尼度假区交通保障方案》（上海市城乡建设和交通发展研究院 - 上海城市综合交通规划研究所）。

[3]《上海国际旅游度假核心区过渡性开发规划实施方案》（浦东新区人民政府、上海市国际旅游度假区管委会、上海市规划和国土资源管理局、上海市城市规划设计研究院）。

[4]《上海国际旅游度假核心区公共交通连接段东段工程》、《上海国际旅游度假区核心区南公共交通枢纽工程》、《上海国际旅游度假区核心区 3.1 平方公里绿地公园配套停车场项目》、《上海国际旅游度假区核心区景观提升项目》、《上海国际旅游度假区核心区奕欧来上海村项目》、《上海国际旅游度假区公共区域人行指示标识系统》等项目设计文件（同济大学建筑设计研究院（集团）有限公司）。

遂宁市体育中心景观设计

李瑞冬

项目基本情况

项目时间：2013 年

项目地点：四川省遂宁市

项目规模：总用地面积 12.75ha，景观设计面积 94 482.5m²

获奖信息：获 2015 年度上海市勘察设计行业协会优秀工程设计二等奖

项目负责人：李瑞冬

项目参与人员：李瑞冬、翟宝华、李伟

工程设计背景与使命

遂宁市体育中心位于四川省遂宁市河东区，为满足该地区承办省级综合性运动会、全国性单项比赛及全民健身等需求而建设。

基地内有主体建筑一栋，功能为体育场、游泳馆，总建筑面积 79 741 ㎡，地上 5 层总面积 68 972 m²，地下 10 769 m²。建筑高度 37.854m，容积率 0.541。另有配套的室外热身、训练及活动场地 10 430 ㎡。基地布置机动车停车 243 辆，其中地上 127 辆，地下 116 辆。

在城市发展中，建筑与城市的二元关系和矛盾日益凸显。体育景观作为城市的户外空间体系的重要组成部分，以体育建筑、附属设施巨大的体量和连带景观极大的规模、明朗的格调影响着城市、区域以及其整体环境的塑造。由

图 1. 遂宁体育公园平面图

图 2. 前场区黄昏鸟瞰图

此对内，需融合城市文化和建筑语言；对外，应顺应城市发展方向、城市肌理结构和道路关系。兼修内外，方能实现两者双赢。

景观设计的主要特点
秀舞扬帆，驿动涪江
处于滨江景观带休闲运动区段的体育中心室外景观设计开放、跃动而充满活力；需体现体育运动不断超越的精神本质，成为城市"以体传神"的动力之源。总体布局很好地呼应场馆各类流线及活动需求，同时形成开放的面向城市的界面，成为良好的市民活动空间；场地空间组织及铺装形态与建筑形体、南侧滨河景观带相互呼应，形成良好的缝合；选用乡土树种，形成稳定而观赏性佳的种植结构。

图 3. 前场区日景鸟瞰图

设计的主要内容包括地面层的交通与活动组织、形象塑造及设施布局，以及体育馆二层平台的环境营造。超人尺度的建筑与使用者对停歇空间尺度人性化需求的冲突、赛事活动超大人流及其快速疏散的需求与后续利用舒适宜人的环境氛围的冲突是设计首要解决的矛盾。基于此，设计坚持整体性、协调性、丰富性、可变性及文化性的原则，景观设计顺应主体建筑形体走向，与地面层与二层平台形成流畅的快速流通带，并与场馆建筑有序连接，形成整体、协调的建筑与景观环境相融的空间形象。

布设于期间的微地形、花带、树阵、喷泉、移动绿化、嵌刻体育精神的灯具小品以及遮阳棚等等景观元素在增加使用舒适度的同时，形成丰富、可变而具有文化内涵的景观表征。总体与细节、建筑与景观共同勾勒处遂宁体育中心秀舞扬帆、驿动涪江的空间意象。

绿化种植设计特点

项目绿化种植设计结合地块总体规划,以烘托场馆建筑氛围,围合舒适的运动、休闲空间为基本出发点;在科学、生态的配置导向的指导下,营造独具特色的植物景观及形成丰富多样的时序景观。将整个工程分为背景围合、主题造景、广场活动、架空庭院、场馆外围、停车场及二层平台几类不同的区域进行控制。造景区以乔草或乔灌两层结构为主,疏朗通透,通过下木形态加强与观赏价值高的树种、灌木的选取提升空间的审美意趣。围合区相对密闭,增加绿量同时营造较强的回归自然之气氛。

绿化用材选取以当地乡土树种为主、部分引进但生长良好、推广低较高的树种、灌木为辅。主要造景树种选取黄葛树、小叶榕、香樟、银杏、桂花等。下木种植在灌木覆盖的基调上强调地被植物的应用,选用二月兰、三叶草、肾蕨等营造自然生态、养护便易的种类。

图 4. 遂宁体育中心黄昏效果图

图 5. 遂宁体育中心夜景

图 6. 前场区总览

图 7. 前场区道路设置

图 8. 前场区绿化设置

烟台市福山区南部地区发展战略规划（生态规划）

王云才　吕东　崔莹

项目基本情况

项目时间：2015 年 12 月

地点：山东省烟台市福山区

项目背景：①烟台市核心生态功能区之一。烟台市福山区水上新城项目规划区域位于烟台市山、城缓冲带之上，同时作为一个相对完整的流域单元处在大沽夹河流域的中段，无论在区域生态过程传递过程中还是在流域生态环境保持方面，都具备重要的生态影响。②烟台市战略性生态空间。《烟台市城市总体规划（2011—2020）》将整个福山区境内的双龙潭及水源保护区定位为烟台市生态体系中的主要战略点之一，保证该区域的社会经济发展拥有完整的生态体系支撑。

规划设计内容

本环境廊道规划

在选取高程 50 米以下、坡度小于 15 度的区域的基础上，结合具体地形及水系进行调整，形成规划区域生态构成的环境廊道。生态规划核心结构的构建主要集中于环境廊道内部。环境廊道的确定为生态体系规划提供了基本的空间依据，环境廊道周边区域作为区域生态体系的支撑需要突出其生态机能，控制开发建设活动的开展，而环境廊道自身作为城镇发展建设和生态保护的共生空间，需要通过生态体系的构建进行重点协调。环境廊道周边以山体及丘陵为主的区域，是整个区域生态体系构建的支撑，在生态规划中，需要将环境廊道的规划结构同此部分进行结合，主要方式为山体缓冲带（坡度在 25 度以下、15~30 米宽的绿化带，25 度以上区域禁止农业生产和建设活动）的设置及廊道（主要为三级廊道）与山体的连接。

生态安全格局规划

规划建设以一核、两带，两楔、三轴，五片、多点构成的生态安全格局，在此基础上，结合上游的水景树网络结构域和下游传统生态网络单元共同组成区域生态安全格局体系。一核：以双龙潭为核心的生态绿核与其外围的多层生态缓冲带；两带：一条是由合卢山脉与西磁山脉的余脉构成的低山、丘陵生态缓冲带，另一条为规划绕城高速与现绕城高速间的环城生态缓冲带，主要由核心低山、丘陵保护区，一般性斑块及不同等级廊道组成；三轴：同三高速生福山区段生态绿轴、外夹河生态绿轴和内夹河—双龙潭—黑石水库生态绿轴；五片：五片生态城镇建设区域，它们分别是门楼—仉村片区、陌堂片区、回里片区、张格庄片区和高疃片区；多点：具备战略性生态功能的生态节点，其中包括夹河岛生态节点、双龙潭周边各重要水口处的生态节点、黑石水库生态节点、规划老栾水库出水口处生态节点等。主要完成生态廊道体系规划、战略生态空间规划、生态桥选址与建设、缓冲带规划和水系与湿地系统规划。

规划设计创新

"绿色海绵"生态雨洪调蓄系统规划。"绿色海绵"是利用绿地滞留和净化雨水，回补地下水的绿色基础设施设计概念，主要包括恢复河漫滩、建立雨洪公园、降低公园绿地标高、沿路设计生态沟、建立雨水收集绿地等措施。规划引入"绿色海绵"的生态雨洪调蓄概念，通过充分利用区域内 880 余个自然坑塘作为流域治理主要支撑，根据其主要分布特征不同，分为居民点坑塘（140个）、农田坑塘（510个）和支流坑塘（230个）三种模式，使之与周围居民点、林地、农田、水系有机结合，使之具有雨洪调蓄、水体净化、污染截流、水土保持等功能，使"绿色海绵"成为流域治理的绿色生态网络。

图书在版编目（ＣＩＰ）数据

同济大学景观学系科研教学成果年鉴. 2015-2016 卷 /
同济大学建筑与城市规划学院景观学系著 . -- 上海：同
济大学出版社，2017.5
　ISBN 978-7-5608-6884-4

　Ⅰ. ①同... Ⅱ. ①同... Ⅲ. ①景观学 - 文集 Ⅳ.
① P901-53

中国版本图书馆 CIP 数据核字 (2017) 第 081320 号

同济大学景观学系科研教学成果年鉴 ·2015-2016 卷
同济大学建筑与城市规划学院景观学系 著

出版人：华春荣
策划：秦蕾 / 群岛工作室
责任编辑：晁艳
特约编辑：钱卓珺
责任校对：徐春莲
平面设计：侯昭薇 赵偲侨 尹海鑫
封面设计：张微
版 次：2017 年 5 月第 1 版
印 次：2017 年 5 月第 1 次印刷
印 刷：上海安兴汇东纸业有限公司
开 本：787mm×1092mm 1/32
印 张：6.5
字 数：175 000
书 号：ISBN 978-7-5608-6884-4
定 价：69.00 元
出版发行：同济大学出版社
地 址：上海市四平路 1239 号
邮政编码：200092
网 址：http://www.tongjipress.com.cn
本书若有印装问题，请向本社发行部调换